a Mr S. Jordan
Vice-Président de la Sté des Ingrs civils
Hommage affectueux de
[illegible]

ÉTUDE

SUR LES

PORTES D'ÉCLUSE A LA MER

EN FRANCE ET EN ANGLETERRE

ÉTUDE

SUR LES

PORTES D'ÉCLUSE A LA MER

EN FRANCE ET EN ANGLETERRE

PAR

SYLVAIN PÉRISSÉ

INGÉNIEUR DES ARTS ET MANUFACTURES

EXTRAIT des Mémoires de la Société des Ingénieurs civils.

SÉANCE DU 21 JUIN 1872.

PARIS

LIBRAIRIE SCIENTIFIQUE, INDUSTRIELLE ET AGRICOLE

Eugène LACROIX, Éditeur

Libraire de la Société des Ingénieurs Civils

RUE DES SAINTS-PÈRES, 54

—

1872

ÉTUDE

SUR LES

PORTES D'ÉCLUSE A LA MER

EN FRANCE ET EN ANGLETERRE

MESSIEURS ET CHERS COLLÈGUES,

La Société des ingénieurs civils n'a jamais eu l'occasion de s'occuper des portes d'écluse des ports maritimes, qui, en France, ont été jusqu'ici exclusivement construits par l'État sous la direction de ses ingénieurs officiels.

J'ai pensé cependant que notre Société recevrait avec intérêt une communication sur cet important sujet, si j'en juge par la faveur avec laquelle ont été accueillies, au sein de l'Institut de nos confrères de Londres, des notes sur quelques portes de docks, construites en Angleterre.

En conséquence, j'ai réuni les nombreux documents que je possédais depuis longtemps; je les ai complétés de mon mieux à l'aide de mémoires et de quelques études partielles publiés dans les deux pays; puis, en les résumant, j'en ai tiré l'*Étude générale et comparative* que je vais avoir l'honneur de vous présenter.

NOTA. — Voir la table des matières à la fin du texte.

CHAPITRE PREMIER.

CONSIDÉRATIONS GÉNÉRALES SUR LES PORTS A MARÉES.

§ 1. — Avant d'étudier les portes d'écluse à la mer, je crois utile de rappeler en quelques mots quel est leur but, de faire ressortir leur importance exceptionnelle dans les ports soumis aux marées et de rappeler les principaux phénomènes qui accompagnent et produisent ces dernières.

Il existe encore un assez grand nombre de petits ports dépourvus de portes d'écluse : qu'arrive-t-il quelques heures après que le *jusant* a commencé, c'est-à-dire que la mer a baissé ? C'est que l'eau, en se retirant du port, a laissé les navires à sec dans une position plus ou moins inclinée qui les fatigue, et qui empêche toute manœuvre de chargement et de déchargement. — Lorsque le *flot* revient avec la marée montante, et que le vent pousse à la côte, les navires ont leurs flancs battus avec force, et les coques se détériorent rapidement, tant sous l'influence de cette alternative d'immersion et de mise à sec que sous les efforts anormaux auxquels elles sont soumises.

C'est pour obvier à ces graves inconvénients, que, dans tous les ports de quelque importance, on a établi des *bassins à flot*, dans lesquels l'eau se trouve retenue à un niveau suffisant pour que les bateaux ne cessent jamais de flotter. — Les portes d'écluse sont destinées à cette retenue des eaux; et quoiqu'elles ne remplissent pas toutes les mêmes fonctions que les portes des écluses de cours d'eau et de canaux, elles ont reçu le même nom, en raison de leur fonction essentielle commune, qui consiste dans le maintien à volonté, et à deux niveaux différents, de deux masses d'eau immédiatement voisines.

Entre les bassins et la mer, c'est-à-dire devant les portes d'écluse, il existe toujours un *avant-port* ou chenal plus ou moins large soumis aux mouvements des marées et qui a, notamment, pour but d'éloigner les portes et les bassins à flot des vagues venant du large, en même temps qu'il sert de refuge aux bateaux de service du port ou de petite navigation.

Il arrive quelquefois que, dans les ports de grande fréquentation, et surtout en Angleterre, des *bassins de demi-marée* sont construits entre l'avant-port et les bassins à flot proprement dits.

Enfin, mentionnons encore les formes de radoub ou *formes sèches* situées le plus souvent en arrière des bassins, et destinées à recevoir des navires qui doivent y subir, à sec, la visite et les réparations nécessaires.

Il ne sera pas sans intérêt, croyons-nous, de décrire les *principaux phénomènes des marées*.

Elles peuvent être définies en disant qu'elles résultent d'ondulations des grandes masses liquides de la terre qui produisent des élévations et des abaissements successifs par rapport à une hauteur moyenne. Le temps qui s'écoule entre deux marées consécutives, hautes ou basses, est de environ 12 heures 25 minutes, ou, autrement dit, les phénomènes se répètent deux fois en un jour 50 minutes. Par conséquent, l'heure de la haute mer retarde tous les jours d'environ 50 minutes sur l'heure du jour précédent. Il est à remarquer que la basse mer ne tient pas exactement le milieu entre les deux hautes mers voisines, c'est-à-dire que le temps de la descente et celui de la montée sont généralement un peu différents. De même, le temps pendant lequel la mer garde son plein (elle est alors *étale*) est aussi assez variable.

Nous savons tous que les marées sont dues à l'attraction que la lune et le soleil exercent sur les grandes mers terrestres. L'influence de la lune est prédominante, puisque la hauteur des marées lunaires peut être représentée par 5, quand celle des marées solaires n'est que 2. Sans entrer ici dans les considérations qui le prouvent, il nous suffira de rappeler que le jour lunaire dépasse le jour solaire de 50 minutes. Il y a donc concordance, et on peut admettre que l'ondulation de la mer suit le mouvement du satellite de la terre. Seulement, la marée retarde toujours sur le passage de la lune au méridien d'un lieu, et le retard, très-variable du reste, est ce qu'on nomme généralement établissement du port de ce lieu.

Nous ne rappellerons pas pourquoi les marées se produisent deux fois dans un jour lunaire, par suite de la forme ellipsoïde de la masse liquide; mais nous devons dire quelques mots des causes principales qui amènent les grandes marées et, par suite, les grandes différences de niveau qui se traduisent par des pressions considérables sur les portes d'écluse.

Observons d'abord que l'influence du soleil s'ajoute à celle de la lune pour augmenter les hauteurs des marées, lorsqu'il y a soit conjonction, soit opposition des deux astres, c'est-à-dire nouvelle ou pleine lune (syzygies), tandis que dans les quadratures, au contraire, les influences se contrarient et s'annulent partiellement.

D'autre part, les marées sont d'autant plus fortes que l'astre qui les produit est plus rapproché de l'équateur; par conséquent les marées voisines de l'équinoxe sont les plus grandes, toutes autres circonstances égales d'ailleurs; et, parmi ces marées équinoxiales, celles qui correspondent aux syzygies fournissent les plus grandes hauteurs; généralement ces grandes marées se font sentir seulement 30 à 40 heures après le phénomène astronomique qui les a produites. Lorsque la lune a une déclinaison nulle, ou bien lorsque sa distance à la terre est minima, les marées en sont augmentées. Leur grande variabilité résulte des causes multiples que nous venons d'énumérer, et les marées exceptionnelles se produisent lorsqu'il y a concordance de tout ou partie de ces causes.

Certaines circonstances locales, telles que la forme des rivages, les dimensions des détroits, les vents régnants, les courants, la pression atmosphérique, augmentent ou diminuent beaucoup les hauteurs des marées.

Elles sont généralement plus fortes dans le fond des golfes que vers les caps, surtout quand les deux rives des golfes présentent un angle aigu, dont la bissectrice coïncide à peu près avec la direction des vagues (sur nos côtes de l'Océan, cette direction est généralement du sud-ouest au nord-est); la surélévation est d'autant plus grande que les côtes sont plus unies et les eaux plus profondes, c'est-à-dire lorsque les obstacles sont réduits à leur minimum. On comprend alors que la masse liquide, poussée dans le conoïde, s'élève au fur et à mesure que la largeur diminue.

Nous pourrions citer de nombreux exemples; l'un des plus concluants est le canal de Bristol, au fond duquel débouche la Severn, avec un de ses principaux confluents, l'Avon. Eh bien, les grandes marées, qui ne sont que de 9 mètres à Swansea, atteignent 13 à 14 mètres sur l'Avon, près Bristol, et s'élèvent vers le fond de la Severn jusqu'à plus de 16 mètres. Dans la baie de Fundy (Amérique du Nord), des hauteurs beaucoup plus grandes encore ont été constatées. Dans le golfe de Gascogne, les marées sont très-faibles, sans doute parce que l'ondulation n'y arrive que très-indirectement, après avoir rencontré les côtes plus septentrionales. La Manche, au contraire, a une forme et une direction favorables à l'augmentation des marées, qui atteignent des hauteurs considérables à Saint-Malo, Granville, Fécamp, Dieppe et Boulogne.

Si nous observons maintenant ce qui se passe dans les fleuves à marées, nous retrouvons les mêmes accroissements de hauteurs, toutes les fois que la forme conoïde existe simultanément avec la profondeur et avec l'absence de barrages ou d'obstacles quelconques. Il nous suffira de citer : la Tamise, où les marées sont plus fortes à Londres qu'à Shernees; et le Saint-Laurent, qui donne, à Québec, des marées supérieures de 6 pieds environ à celles de l'embouchure, malgré l'inclinaison du lit de la rivière.

Les obstacles et les hauts-fonds diminuent les hauteurs des marées, mais, dans le cas de faibles profondeurs, comme dans la rivière d'Avranches, le flot se manifeste par des courants très-rapides qui prennent le nom de Mascarets. Ces vagues montantes sont très-dangereuses et les portes d'écluse doivent être protégées contre elles, bien que leurs effets soient moins intenses que ceux des raz de marée, heureusement fort rares dans nos mers européennes. Les marées se font sentir dans les fleuves à des distances souvent fort considérables, comme dans les grands cours d'eau de l'Amérique équatoriale. Mais, dans ce cas, les heures des marées sont très-variables, en raison du temps qui est nécessaire au flot pour monter. L'*âge de la marée*, ou son retard, est représenté par le temps qui s'écoule entre la formation primitive de la marée et son apparition au lieu considéré.

Les mers intérieures sont exemptes de marées notables, lorsqu'elles communiquent avec l'Océan par un détroit de faible largeur, comme la Méditerranée par exemple.

J'ai pensé que les considérations générales précédentes sur les ports à marées ne seraient pas inutiles, et nous allons aborder, dans les chapitres suivants, l'étude spéciale des portes d'écluse à la mer.

CHAPITRE II.

CLASSIFICATION DES PORTES D'ÉCLUSE. — HISTORIQUE ET GÉNÉRALITÉS.

§ 2. — En raison de leur position, de leur forme et de leur but, les portes maritimes peuvent être classées en cinq catégories, savoir :

1° Portes extérieures ou portes d'ebbe;
2° Portes intérieures;
3° Portes de flot;
4° Bateaux-portes;
5° Portes de chasse.

Je vais les décrire toutes sommairement, et puis je donnerai les détails relatifs aux portes de la première catégorie, qui font surtout l'objet de cette étude.

1° Portes extérieures ou portes d'ebbe.

§ 3. — Elles sont situées entre l'avant-port et les bassins à flot ou ceux de demi-marée, et elles sont communément appelées portes d'ebbe, du mot anglais *ebb*, signifiant reflux ou jusant.

Leur but essentiel est de faire la retenue de l'eau des bassins, quand la mer baisse à un certain niveau, au-dessous duquel les navires ne se trouveraient plus dans les bonnes conditions de flottaison.

Toutes les portes d'écluse sont placées entre des maçonneries laissant un passage pour l'entrée et la sortie des bateaux. Les murs longitudinaux qui déterminent la largeur de ce passage s'appellent *bajoyers*, et ils s'élargissent au droit des portes pour former des chambres ou *enclaves*, dans lesquelles les deux moitiés ou *vantaux* de la porte ouverte viennent se loger pour ne pas gêner la circulation et conserver ainsi toute la largeur de l'ouverture.

Chaque vantail peut tourner autour d'un axe ou *poteau-tourillon* posé verticalement dans les *chardonnets* de l'enclave, de façon que, lorsque les deux vantaux sont amenés en contact pour se contrebutter, la compression qui en résulte puisse être reçue par les poteaux-tourillons et transmise aux chardonnets. De là l'importance de construire ceux-ci en pierres dures, de grosses dimensions et appareillées avec le plus grand soin.

Il est indispensable, pour le fonctionnement, qu'un vide existe entre le dessous des portes et le bas *radier* de l'enclave ; et, dans le but d'intercepter le passage de l'eau en dessous et aussi afin d'apporter au vantail un point d'appui inférieur, ce bas radier présente une saillie appelée *busc* ou seuil, dont le dessus correspond au niveau du radier de l'écluse. La pointe du busc est à l'aplomb de la surface verticale de contact des deux vantaux qui prennent le nom de *vantaux busqués.*

Une paire de portes d'ebbe est suffisante pour établir un bassin supérieur ; néanmoins, dans les grands ports, on en construit presque toujours deux paires, soit rapprochées si on manque de place, soit éloignées de 100 mètres environ afin de former un *sas.* — Le principal but des portes doubles est de ne pas être pris au dépourvu en cas de rupture ou de réparation de l'une d'elles. Mais plusieurs autres avantages en sont tirés, et notamment la répartition de la pression sur les deux paires, ainsi que le service du sas comme bassin de demi-marée ou comme *forme de visite.*

Dans les ports où le courant est fort et où la manœuvre ne présenterait pas toute sécurité si l'écluse était simple, les sas sont employés, surtout en temps de vives eaux, lorsque le plein ne garde pas d'étale et qu'il est indispensable de faire entrer et sortir un certain nombre de navires.

Les portes d'ebbe, à la marée montante et un peu avant leur ouverture, sont exposées aux vagues de l'avant-port qui tendent à les ouvrir malgré la pression d'eau qui résulte de la différence de niveau entre la hauteur de la marée et la hauteur de l'eau dans le sas ou le bassin. Dans certains ports où il n'existe pas de rade et où le *ressac* se fait vivement sentir dans le goulet de l'écluse, les vantaux seraient exposés à un battement qui les détériorerait rapidement si des précautions spéciales n'étaient prises pour soustraire les portes à l'action du ressac.

Le moyen généralement employé en France consiste dans l'emploi de *portes-valets* qui apportent, sur chaque vantail busqué, une buttée énergique s'opposant à leur ouverture. En Angleterre, les valets sont peu ou pas employés, soit parce que le ressac est moins fort par suite de l'existence de rades naturelles formées par les fleuves, soit aussi parce qu'on maintient les vantaux au moyen de chaînes en fer disposées à l'aval des portes et s'opposant à leur ouverture par la tension considérable qu'exerce sur elles l'appareil à pression hydraulique destiné à faire plus tard la manœuvre des vantaux.

Les portes-valets nécessitent une enclave plus profonde, puisqu'elles doivent s'y loger derrière les portes busquées ouvertes ; et comme elles pivotent aussi autour d'un poteau-tourillon, il est nécessaire de ménager un second chardonnet dans la chambre, sur la face verticale opposée à celle qui reçoit le tourillon du vantail busqué.

La *manœuvre des portes* d'écluse est faite au moyen de quatre chaînes, deux à l'aval, deux à l'amont, accrochées aux vantaux soit à mi-hauteur, soit plus bas. Ces chaînes sont conduites au moyen de galets et de poulies-guides jusqu'aux appareils destinés à les mettre en mouvement et disposés sur les quais dans le voisinage des chambres. Il est à remarquer que les deux chaînes d'aval sont croisées, c'est-à-dire que le vantail de droite est fermé par la chaîne de gauche et réciproquement, tandis que les chaînes d'amont, destinées à l'ouverture, agissent sur les vantaux voisins, dont les faces sont à peu près normales aux chaînes en raison de l'inclinaison du busc.

En France, des *treuils à main*, à double ou triple engrenage, sont appliqués à la mise en mouvement des chaînes, et, comme la puissance de ces appareils se trouve assez limitée, il en résulte une manœuvre très-lente, durant, pour les grandes portes, jusqu'à quinze à vingt minutes, tandis qu'en Angleterre, dans tous les ports importants, on applique aux portes d'écluse le *système à pression hydraulique* de M. Armstrong, servant aussi pour la mise en mouvement des grues et des ponts tournants. — A cet effet, une ou plusieurs machines à vapeur refoulent l'eau dans un accumulateur d'où la force motrice est distribuée.

Le système hydraulique, s'il a des inconvénients pour la manœuvre des portes que je signalerai plus loin, a aussi sur le système des treuils quelques avantages dont le principal est la rapidité de l'opération, qui ne dure qu'une à trois minutes au plus. — Pour obtenir ce résultat, M. Armstrong a d'abord relié la tige du piston de la presse avec la chaîne de manœuvre, par l'intermédiaire d'un système de moufles, augmentant la vitesse, c'est-à-dire agissant à la façon inverse des moufles proprement dits, puisque le piston, en sortant du cylindre, écarte les poulies conductrices. — Aujourd'hui, M. Armstrong emploie de préférence (voir la planche 2) des machines à eau comprimée à trois cylindres oscillants, et à simple effet, dont les pistons conjugués agissent directement sur des manivelles et arbres coudés mettant en mouvement des treuils à engrenages ou cabestans. L'eau à haute pression (environ 60 atmosphères) est fournie par l'accumulateur, ou bien par une pompe manœuvrée à main d'homme.

La rapidité dans la manœuvre des portes est d'une grande importance dans les ports très-fréquentés, en temps de marées de vives eaux surtout, pour éviter l'encombrement des navires, en conservant le plus longtemps possible le service de l'écluse. Aussi, est-il regrettable que le système hydraulique n'ait été appliqué sérieusement dans aucun des grands ports français de l'Océan, non pas précisément au point de vue de la manœuvre des portes d'écluse, mais surtout pour le service des grues, cabestans, ponts tournants, etc., dont le fonctionnement rapide et sûr a attiré l'attention des ingénieurs français qui, comme moi, ont visité quelques grands ports de l'Angleterre.

Je vais maintenant dire quelques mots sur les appareils destinés à la vidange et au remplissage des sas, et permettant la communication à volonté entre l'eau en amont et en aval des portes. — Deux systèmes sont employés: 1° des *ventelles*, comme dans les portes de canaux, manœuvrées sur la passerelle par l'intermédiaire de crémaillères verticales et de crics fixes; 2° des *aqueducs* ménagés dans l'intérieur des bajoyers, de chaque côté des vantaux, et munis de vannes qui sont mises en mouvement par des appareils situés sur les quais. Ce dernier système doit être préféré, parce qu'il a le double avantage d'une manœuvre plus facile, d'une construction plus durable des vantaux, puisqu'ils ne sont ni affaiblis par les ouvertures des ventelles, ni exposés aux détériorations que le passage des eaux occasionne tôt ou tard. En France, les aqueducs sont tous construits en maçonnerie; en Angleterre, à tort ou à raison, on a quelquefois employé des tuyaux en fonte qui ont pu être préférés, en raison sans doute de leur bas prix de revient.

2° Portes intérieures.

§ 4. — On appelle ainsi les portes des écluses mettant en communication deux bassins contigus. Leur importance n'égale pas celle des portes extérieures, mais néanmoins leur construction en est tout aussi soignée, surtout quand les portes d'ebbe sont simples, puisqu'elles sont appelées à les remplacer en cas d'accidents.

Elles ne diffèrent des précédentes que par des dimensions plus faibles, par l'absence des portes-valets, par des manœuvres plus simples et des vannages le plus souvent effectués à travers les vantaux eux-mêmes.

3° Portes de flot.

§ 5. — Elles ont pour but de s'opposer à l'entrée du flot venant du côté de la mer; elles agissent par conséquent en sens contraire des autres.

En avant des portes extérieures, on ménage, pendant la construction de l'écluse, une chambre dont le busc a sa pointe tournée vers le chenal. Il n'en faut point conclure que cette chambre reçoive toujours une paire de portes de flot; seulement on a la possibilité de les placer quand on veut se servir du sas, entre deux marées, pour la visite et le radoubage des navires. Mais il est prudent de les avoir dans les ports dépourvus de rade ou bien dans ceux qui peuvent être exposés aux raz de marée, heureusement peu fréquents dans nos parages, mais trop souvent observés dans les mers tropicales, où leurs effets sont des plus funestes.

Dans ces deux derniers cas, les portes de flot prennent le nom de *portes de tempête*, et elles sont alors disposées à claire-voie pour mieux remplir leur fonction.

Les écluses intérieures sont presque toujours munies de portes de flot afin de rendre tout à fait indépendants deux bassins contigus, et de permettre la mise à sec de l'arrière-bassin pour le visiter, le nettoyer ou le réparer, sans pour cela apporter un trouble dans le service du bassin voisin, plus rapproché des portes extérieures.

Les portes de flot sont généralement à deux *vantaux busqués;* mais quelquefois, et principalement en Angleterre, elles se présentent sous la forme de *caissons* verticaux présentant leur convexité du côté de l'avant-port. Ces caissons étant flottants, à plat, ou debout, peuvent être amenés en dehors du goulet de l'écluse, ou poussés dans des chambres latérales dans lesquelles ils se logent pour rendre le passage libre. Comme exemple remarquable du caisson flottant à plat, je citerai celui qui a été construit en 1858 à Victoria Docks, près de Londres, avec une ouverture de 24m40 entre bajoyers et une hauteur de 9m45. Son poids est de 90 tonnes, et il a coûté seulement environ 2,000 livres sterling. Ceux de mes collègues, qui voudraient en connaître les détails et les dessins, pourront consulter une intéressante communication qui en a été faite à l'Institut des ingénieurs civils de Londres, dans sa séance du 19 avril 1859.

4° Bateaux-portes.

§ 6. — Ils remplissent les mêmes fonctions que les portes de flot des écluses intérieures; mais ils servent en même temps de ponts.

Les bateaux-portes sont destinés à la fermeture des formes sèches dans lesquelles les navires entrent pour y être réparés. Ce sont donc des espèces de bâtardeaux flottants, le plus souvent en fer, de largeur très-variable comme les portes, et ayant été portée jusqu'à 30 mètres entre bajoyers, dans le grand bateau-porte du Havre dont j'ai dirigé la construction en 1861-1862, en qualité d'ingénieur de l'entreprise. La longueur sur le pont est de 31m06 avec 4m50 de largeur entre garde-corps. Il a une hauteur maxima de 11 mètres correspondant au milieu de sa longueur. Le poids du fer entrant dans sa construction est de 230 tonnes.

Je ne donnerai aucun détail sur ces portes spéciales, parce que ce serait sortir du cadre d'études que je me suis tracé.

5° Portes de chasse.

§ 7. — Je n'en dirai aussi que quelques mots. Elles ferment les écluses de chasse destinées à combattre, avec plus ou moins d'efficacité, les dépôts de toute nature qui tendent à faire des atterrissements dans les ports ; de là l'utilité d'avoir des saignées de large ouverture, munies de portes spéciales souvent accouplées, afin de diminuer la largeur de chacune d'elles à environ 5 à 6 mètres.

Une porte de chasse est, dans la plupart des cas, composée d'un vantail mobile sur un arbre vertical placé à quelque distance de son milieu. Sur le grand panneau existe une vanne, d'une section d'ouverture calculée de façon à rendre le petit panneau prédominant lorsque la vanne est levée. On comprend ainsi que, avec une feuillure fixe ménagée sur l'un des bajoyers, on puisse à volonté faire la retenue ou faire une chasse, suivant que la vanne sera fermée ou ouverte. Il est à remarquer, d'ailleurs, qu'en raison de la différence des deux panneaux du vantail, le flot peut ouvrir la porte, de même qu'elle peut se refermer d'elle-même avec le jusant, en parcourant seulement un quart de cercle de révolution.

Largeur entre bajoyers des portes d'écluse.

§ 8. — La largeur de l'ouverture des écluses a naturellement augmenté au fur et à mesure de l'agrandissement des navires, et, jusqu'en 1855, les ingénieurs, préoccupés de la difficulté de construire des radiers et des portes de grandes dimensions, en raison surtout de la dépense considérable qu'ils entraînent, les ingénieurs, dis-je, avaient adopté les largeurs absolument nécessaires pour livrer passage aux grands navires existants ou en construction. Ainsi, de la largeur primitivement fixée à 12 ou 13 mètres dans le dernier siècle, on a successivement passé par 14, 16, 18 et 21 mètres, tant en France qu'en Angleterre. Mais, vers 1856, on a pensé qu'il fallait tenir compte des agrandissements probables des bateaux de grande navigation, et une enquête fut faite à l'effet de déterminer le rapport qui pouvait exister entre la largeur, tambours compris, des navires à roues, et le tirant d'eau.

On trouva que ce rapport était à peu près constant et égal à environ 3,75. Le tirant d'eau maximum ayant été fixé à $7^{m}50$ en raison des profondeurs existant, soit en Europe, soit surtout dans les passages des ports américains, la largeur maxima des bateaux à roues fut évaluée à $7{,}50 \times 3{,}75 = 28^{m}12$, largeur qui n'a pas été atteinte.

C'est à la suite de ces préoccupations que furent décidées les grandes portes d'écluse de Liverpool et du Havre, ayant 100 pieds anglais d'ouverture, c'est-à-dire $30^{m}50$. Depuis cette époque (1860), les largeurs des portes d'ebbe construites ont varié en France entre 16 et 25 mètres et, en Angleterre, entre $15^{m}25$ et $30^{m}50$ (50 à 100 pieds).

Aujourd'hui que les grands bateaux à roues sont pour ainsi dire abandonnés par suite de l'adoption à peu près générale de l'hélice, on réduit la largeur des écluses, puisque la coque des plus grands bateaux, sauf quelques exceptions, ne dépasse pas 43 pieds anglais de largeur, c'est-à-dire environ 13 mètres.

L'ouverture entre bajoyers qui paraît devoir être adoptée, tant en France qu'en Angleterre, varie entre 16m50 et 22 mètres.

Nature des matériaux.

La *nature des matériaux* employés est assez intéressante à étudier. Successivement on a construit des portes en bois, puis en fonte; des portes mixtes, c'est-à-dire avec entretoises formées de bois et de fer; et enfin des portes en fer dans lesquelles le bois n'entre qu'à l'état de simples fourrures pour former l'étanchéité des poteaux et du busc.

Portes en bois.

§ 9. — Jusqu'en 1820, les portes ont été exclusivement construites en bois de chêne; depuis cette époque l'emploi du bois, chêne ou autres, a été maintenu, principalement en France, pour la plus grande partie des ouvrages.

Dès l'origine, alors que les ouvertures étaient faibles, les bois étaient trouvés, facilement et à un bas prix, dans les dimensions voulues, après avoir été purgés d'aubier et choisis sains et sans défauts sérieux. Mais, au fur et à mesure que les portes s'élargissaient, les bois diminuaient en équarrissage, en qualité et en quantité, alors que, au contraire, il aurait fallu employer des bois de plus grosses dimensions et de premier choix. Aujourd'hui, il me paraît pratiquement impossible de construire les grandes portes avec les bois de pays, tant en France qu'en Angleterre, et l'on est forcé d'avoir recours aux bois étrangers dont les principaux sont: les chênes de Québec, les pins rouges et jaunes du Canada et des États-Unis, les sapins de Memel et le greenheart de la Guyane anglaise.

Mais, à l'exception du dernier qui est cher, et aussi peut-être du teak des Indes orientales, qui est plus cher encore, tous les bois de construction connus sont attaqués, après leur séjour à la mer, par des *vers marins* qui les mettent hors de service en très-peu de temps. Le plus commun de ces vers est le taret (*teredo navalis*), qui est très-petit lorsqu'il pénètre dans le bois dont il respecte les surfaces, mais dans le cœur duquel il exerce des ravages considérables, après s'y être développé jusqu'à la grosseur du doigt. Une autre espèce de ver, gros comme une épingle, la pelouse, l'attaque d'abord aux surfaces et arrive progressivement jusqu'au centre. En Angleterre, on a eu occasion de remarquer que le chêne était aussi attaqué par la moule commune qui le détruisait presque aussi rapidement que le *teredo navalis*.

Les ingénieurs ont recherché avec soin les moyens de mettre les bois à l'abri de ces animaux destructeurs, et ils ont employé l'un des deux moyens suivants : le créosotage et le mailletage.

Les *bois créosotés* ont d'abord donné d'excellents résultats. Mais, après diverses observations, le créosotage est reconnu insuffisant aujourd'hui, et il est à peu près abandonné pour la préparation des bois des portes d'écluse qui sont d'ailleurs de trop fortes dimensions pour être injectés complétement.

Pour les grosses charpentes, le créosotage à 200 kilog. de créosote par mètre cube de chêne revient à environ 30 à 35 francs, et, par mètre cube de sapin, à raison de 170 kilog. de créosote, le prix descend de 25 à 30 francs.

Voici deux exemples de prix de revient décomposés :

Chêne. — Détail du prix de créosotage de un mètre cube.

Créosote, 200 kilog., 9 fr.	18f	00c
Charbon, 100 kilog., 30 fr. la tonne	3	00
Mécanicien, chauffeur et aide	3	75
Chargement, déchargement, main-d'œuvre	3	25
	28	00
Frais généraux, faux frais, 10 à 12 %.	3	00
Prix de revient	31	00
Bénéfice pour l'entrepreneur 10 %.	3	00
Total	34	00

Sapin. — Détail du prix de créosotage d'un mètre cube.

Créosote, 170 kilog., 9 fr.	15f	30c
Charbon, 95 kilog., 30 fr. la tonne	2	85
Mécanicien, chauffeur et aide	3	30
Chargement, déchargement et autres mains-d'œuvre	2	55
	24	00
Frais généraux 10 à 12 %.	2	50
Prix de revient	26	50
Bénéfice pour l'entrepreneur 10 %.	2	50
Total	29	00

Il est à remarquer que les bois absorbent, proportionnellement à leur cube, d'autant plus de créosote qu'ils sont plus petits ; par conséquent, les prix de créosotage des petites charpentes sont plus élevés que ceux indiqués plus haut.

Le *mailletage* est adopté en France partout où la présence des vers marins est signalée. Il consiste à clouer, sur toutes les surfaces des bois à protéger, une série de clous à large tête ronde de environ 25 à 30 millimètres de diamètre, disposés de telle manière que les têtes, en se superposant, forment une carapace en fer. Dans les parties des bois en contact avec le chardonnet et le busc, les clous à mailleter sont remplacés par des pointes sans tête plantées en quinconce à environ 1 centimètre de distance et puis chassées au poinçon de façon à ne faire aucune saillie sur le bois. On peut compter que 1 mètre carré exige de 1700 à 2500 clous à mailleter pesant 22 à 25 kilogrammes, soit une dépense d'environ 25 à 28 francs le mètre superficiel développé.

Les vers marins ne montent pas plus haut que le niveau des basses-mers de mortes-eaux ; aussi se contente-t-on de mailleter seulement jusqu'à 0,10 à 0,20 au dessus de ce niveau. Ce moyen de préservation est assez efficace sur des bois purgés d'aubier. Néanmoins, les portes en bois ont une durée très-limitée, trente ans environ ; et il est à remarquer qu'il y a une élévation toujours croissante de leur prix d'établissement, ainsi que l'obligation de frais d'entretien assez notables.

Dans les portes en bois construites en Angleterre depuis une vingtaine d'années, l'emploi du *greenheart* (bois de fer) a été généralement adopté pour les pièces importantes. Sa dureté, sa résistance et son avantage précieux de ne pas être attaqué par les vers marins, ont désigné ce bois à l'attention des ingénieurs anglais qui en ont tous reconnu l'incontestable supériorité sur les autres essences ; il est regrettable, pour notre pays, que nos ingénieurs français n'aient pas cru devoir en faire encore une seule application dans les portes d'écluse en bois. J'ajouterai aussi que le pin résineux d'Amérique a donné d'assez bons résultats, et je fournirai plus loin un tableau des bois qui se trouvent dans le commerce en Angleterre, surtout à Liverpool et à Londres, et j'indiquerai leurs dimensions courantes et leur prix.

Portes en fonte.

§ **10.** — L'emploi de la fonte de fer, pour des portes anglaises, remonte à plus de cinquante ans. A Sherness, en 1821, on a commencé à construire des portes entièrement en fonte, avec plaques de revêtement étanches ; puis plus tard à Chatham, à Sunderland, etc., des portes ont été établie avec ce métal, sinon dans toutes leurs parties, mais du moins pour les principales pièces, entretoises et poteaux, avec emploi de bordages en bois.

Mais on a reconnu les nombreux inconvénients que ce système présente. Il fournit, en effet, des portes très-lourdes, difficilement étanches, et par suite perdant peu de poids par l'immersion, alors que la légèreté doit être recherchée avec le plus grand soin. L'installation de roulettes sous les vantaux est indispensable ; d'autre part la fonte est de nature mauvaise pour résister aux chocs ou efforts brusques ; les grosses pièces fondues présentent des différences de longueur et de forme qu'il est difficile de racheter, et en somme les portes en fonte sont plus coûteuses que les autres.

Aussi a-t-on aujourd'hui renoncé à ce *système* de portes *mauvais et irrationnel.* Remarquons, néanmoins, que l'expérience a démontré d'une façon évidente que la fonte, au bout de quarante ans, ne s'était pas altérée à l'eau de mer et que les pièces étaient restées en parfait état.

Je ne connais aucun spécimen, en France, de portes en fonte à la mer, et c'est avec raison que ce métal n'y a été employé que pour des pièces accessoires, trop coûteuses à établir en fer ou en bronze.

Portes mixtes.

§ **11**. — J'appelle ainsi les portes en bois, dans lesquelles une catégorie de pièces principales a été faite partie en fer, partie en bois.

Ainsi, depuis quelques années, en France, les entretoises horizontales de plusieurs portes d'écluse (Fécamp, portes d'amont de Boulogne, etc.) ont été formées d'une ou deux pièces de bois renforcées par des poutres en tôle plus ou moins solidaires avec les premières. On a été conduit à adopter cette disposition, en raison des efforts considérables auxquels les entretoises des grandes portes sont soumises, et qu'il était difficile de faire supporter uniquement à des pièces en bois. Les ingénieurs ont donc préféré, dans ce cas, suppléer à l'insuffisance de dimensions, par l'adjonction de pièces métalliques, plutôt que de rechercher par des combinaisons spéciales le moyen de se passer de grosses pièces de bois, de plus en plus rares et par conséquent de plus en plus coûteuses.

En Angleterre, ce système d'entretoises avec renforts en tôle, n'a pas été employé; on a pensé qu'il n'était pas rationnel de faire supporter des efforts considérables à des pièces dans la composition desquelles le bois et le fer étaient juxtaposés, alors que la dilatation, l'influence hygrométrique, l'élasticité, la résistance par unité de surface étaient si différentes. Les déformations dues à la flexion ou à la compression sont évidemment peu concordantes, et on ne comprend pas dans quelles limites le métal et le bois participent à la résistance. Les ingénieurs anglais ont étudié de préférence un système d'entretoises convexes à l'amont, concaves à l'aval sous des rayons bien différents, de façon à leur donner une forme rationnelle comme résistance et n'exigeant pas l'emploi de grosses dimensions de bois.

Les portes, à *entretoises mixtes*, ont donc la plupart des inconvénients des portes en bois, sans en avoir certains avantages, tels que la légèreté et le bon marché.

Je pourrais citer d'autres systèmes mixtes ; mais leur application en ayant été très-limitée, je n'en parlerai que plus tard, quand je donnerai la description des principales portes construites dans les deux pays.

Portes en fer.

§ **12**. — Les considérations précédentes et relatives à l'emploi du bois et de la fonte expliquent suffisamment pourquoi les ingénieurs ont été amenés à construire des portes busquées entièrement en fer.

Les premières construites sont celles de *Broocklin*, près New-York, en 1849-1850, pour la fermeture d'une cale sèche ; mais, à ma connaissance, c'est en Angleterre que, vers 1857, ont apparu les premières portes d'ebbe, à *Victoria-Docks* près Londres, et, l'année suivante, à *Jarrow-Docks* sur Tyne. Vers la même époque, l'emploi du fer à la mer était rejeté en France pour les grandes portes du Havre, et ce n'est que huit ans après, en 1866, que le conseil général des ponts et chaussées a autorisé la construction, à *Boulogne*, des premières grandes portes d'ebbe en tôle.

Je ferai plus loin ressortir les avantages de ces portes flottantes, plus légères, plus durables, et susceptibles d'être facilement visitées et entretenues.

On a objecté pendant longtemps que le fer n'avait pas de durée à l'eau de mer; mais les nombreuses applications de ce métal, notamment à la construction des navires, ont démontré combien l'objection était en définitive peu fondée, surtout quand on a la possibilité de visite et d'entretien. Mais je dois signaler ici la *nécessité d'isoler les métaux de nature différente* employés dans les ouvrages maritimes.

Il a été remarqué que le contact, au milieu de l'eau de mer, de deux métaux différents, comme fonte et plomb, fer et bronze, etc., détermine une action galvanique et dissolvante qui a pour effet de les détruire ou tout au moins d'en amoindrir les épaisseurs. Ainsi, à Sherness, en 1862, la visite des portes en fonte a dénoté des plaques de bordage amincies seulement sur les points où la fonte se trouvait en contact avec du plomb, employé sans doute à l'état de fourrures compressibles pour obtenir l'étanchéité en certains endroits défectueux. La même remarque a été faite, à plusieurs reprises, en France comme en Angleterre, dans des points où le fer était en contact avec le bronze ou le cuivre, et cependant ces deux derniers se conservent parfaitement à l'eau de mer. Il est à noter que la détérioration est très-peu sensible entre fonte et bronze.

CHAPITRE III.

DESCRIPTION DES PRINCIPALES PORTES D'ÉCLUSE FRANÇAISES.

§ **13.** — Je vais décrire les portes suivantes, savoir:

Les quatre portes en bois de Dunkerque, Saint-Nazaire, Havre et Dieppe; les deux portes à entretoises mixtes de Fécamp et de Boulogne; les portes en fer de Boulogne.

Elles sont toutes de système différent, et j'en donnerai les dimensions détaillées, les quantités de matériaux et les prix d'établissement.

§ **14.** — Mais, avant, je dirai quelques mots des *portes en bois*, *ancien type*. Elles ont été construites sur le système adopté pour les portes de navigation intérieure que nous connaissons tous. Les plus anciennes étaient à *bracons* en bois simples ou doubles, travaillant à la compression et supportant les vantaux à la façon d'une contre-fiche. Les bordages étaient généralement parallèles aux *bracons*. Ceux-ci ont l'inconvénient d'affaiblir les entretoises horizontales par les entailles et les embrèvements nécessités par les assemblages.

Plus tard, avec les progrès de la métallurgie, on a préféré l'emploi d'*écharpes en fer* doubles, c'est-à-dire appliquées sur les faces aval et amont et tenant les vantaux suspendus par la traction dont elles sont capables. On a pu alors disposer les bordages verticalement et entretoiser ainsi les pièces horizontales.

Portes en bois de Dunkerque. — Écluse de barrage. Bassin à flot.

(Voir les figures 1 et 1 *bis* de la planche I.)

§. **15.** — Mises en place en janvier 1856, ces portes présentent plusieurs points remarquables. Chaque vantail a un *bracon double* en chêne, partant du pied du poteau-tourillon pour aboutir à la traverse supérieure aux deux cinquièmes environ de sa longueur à partir du susdit poteau. Une *écharpe* apporte une double garantie dans cette partie du vantail rapprochée du tourillon. Plus loin, en allant vers le poteau busqué, le vantail est sans bracon, mais seulement avec une autre écharpe s'attachant sur la traverse supérieure vers le point où elle reçoit la décharge du bracon pour aller soutenir le bas du poteau busqué. Ces portes de Dunkerque présentent donc un exemple bien étudié de l'emploi simultané du bracon et de l'écharpe. Je dois faire observer que les entretoises horizontales ne sont affaiblies par le passage du bracon qu'en des points où les moments fléchissants sont relativement faibles.

Les *entretoises*, non compris les deux extrêmes en haut et en bas qui forment, avec les poteaux, un cadre rectangulaire en chêne de pays, les entretoises intermédiaires, dis-je, sont au nombre de 9, en sapin rouge du Nord, présentant entre elles et avec les traverses 10 vides d'une hauteur variant entre 0^{m},25 et 0,735. Chacune est composée de deux pièces de bois assemblées entre elles à redans : l'une, droite à l'aval, va toujours du poteau-tourillon au poteau busqué espacés de 10^{m},70 ; l'autre présente à l'amont la courbure du vantail et n'a que 9,00 environ de longueur pour les entretoises supérieures. L'assemblage avec les poteaux se fait au moyen de tenons avec embrèvements, renforcés par une série de repaisses fortement chassées entre les entretoises et chevillées avec les poteaux.

Cinq séries de *montants verticaux* en chêne de 30 × 25 à l'amont et 30 × 10 à l'aval, boulonnés ensemble à travers le vantail et renforcés par des bandes de fer sur lesquelles s'appuient les têtes et les écrous des boulons, viennent avec les deux bordages solidariser les entretoises entre elles, en même temps qu'ils servent de guides aux 3 *ventelles*. La position de celles-ci a été déterminée de telle façon, que les vides d'écoulement sont en dehors des deux écharpes. Chaque ventelle, en forme de jalousies, a 4 vides de 0,25 de hauteur, avec une largeur de 1^{m},00 pour la première ventelle et 0,90 pour les deux autres.

Diverses *ferrures* viennent compléter la solidarité des diverses parties; ce sont : 1° sur la traverse inférieure, deux grandes équerres à trois branches verticales, les deux extrêmes se relevant sur les poteaux et l'autre au droit du premier montant vertical pour recevoir l'axe de l'écharpe; 2° sur la traverse supérieure une grande frette à tendeurs embrassant les poteaux ; et 3° intermédiairement se trouvent deux gros tirants en fer de 50 millimètres de diamètre, munis également de tendeurs, qui s'opposent à l'écartement du tourillon et du busqué, et assurent la rigidité dans le sens horizontal.

Le pied du poteau-tourillon est chaussé par une *crapaudine* en bronze reposant sur un pivot de même métal scellé dans la pierre; puis en haut le poteau est maintenu vertical dans le chardonnet, au moyen d'un collier en fer retenu par deux tirants très-bien étudiés qui, au moyen de renflements à plans obliques et de goujons, vont chercher leur point d'appui sur un cube suffisant de grosse maçonnerie.

Cinq *taquets en bois* sont convenablement disposés sur quatre entretoises et sur la traverse supérieure pour recevoir la buttée du poteau battant des portes-valets.

Les *appareils de manœuvre* méritent une mention spéciale et seraient étudiés avec intérêt par ceux qui auraient besoin d'en connaître les détails.

Dimensions principales:

Largeur de l'ouverture entre bajoyers.	21^{m},00	147^{m2},84
Hauteur de la traverse supérieure du vantail au-dessus de la pointe du busc.	7,04	
Longueur sur l'axe d'un vantail busqué.	11,78	
Hauteur totale du vantail.	7,25	
Hauteur au-dessus du busc des moyennes basses mers de vives eaux.	0,9	
Hauteur au-dessus du busc des petites hautes mers de mortes eaux.	4,60	
Hauteur au-dessus du busc des grandes hautes mers d'équinoxe.	7,60	
Epaisseur du vantail, au milieu, compris bordages.	0,90	
Epaisseur du vantail au droit des poteaux aux extrémités.	0,50	
Epaisseur du bordage d'amont en sapin.	0,10	
Epaisseur du bordage d'aval en chêne.	0,06	
Largeur du poteau-tourillon (en chêne du pays). . .	0,60	
Largeur du poteau busqué sur l'axe du vantail. . . . . amont 0,56 / aval 0,40	0,48	
Hauteur de la traverse inférieure.	0,425	
Hauteur de la traverse supérieure.	0,45	
Hauteur des quatre entretoises intermédiaires vers le bas.	0,35	
Hauteur des cinq entretoises intermédiaires vers le haut.	0,30	
Diamètre du poteau-tourillon dans le collier du haut.	0,46	
Section des demi-bracons au maximum.	0,40 × 0,25	
Section du fer des écharpes et grosses équerres. . .	130^{m} × 30^{m}	
Épaisseur des portes-valets.	0,45	
Profondeur des enclaves.	1,70	

Chiffres relevés sur les comptes d'exécution.

DÉSIGNATION.	PORTES BUSQUÉES.			PORTES-VALETS.		
	QUANTITÉS.	PRIX unitaires moyens.	SOMMES.	QUANTITÉS.	PRIX unitaires.	SOMMES.
	m.3.	fr.	fr.	m.3.	fr.	fr.
Bois de chêne du pays....	44.14	273	12052	13	293.50	3815
Bois de sapin rouge du Nord.	47.44	153	7255	15.5	172	2666
Fers divers............	14714k	1.09	15951	6800k	1.04	7110
Clous à mailleter	3811	1.00	3811	1400	1	1400
Fonte.................	1803	0.70	1262	750	0.70	525
Plomb................	825	0.80	660	700	0.80	560
Bronze et cuivre.........	1260	3.90	4914	500	3.90	1950
Peinture et goudronnage..			1198			500
Calfatage	1616	1.05	1697			—
Prix totaux.......	....	......	48800	....	......	18526

Le compte des appareils de manœuvre des portes busquées s'établit comme il suit:

Fers divers.	528kg à	1f,48	785f,45
Chaînes.	655	1,50	982,50
Fonte.	2,636	0,70	1,845,20
Bronze (poulies de renvoi etc.)	620	3,90	2,418,00
Plomb.	304	0,80	243,20
Totaux.	4,743kg		6,274f35

La dépense totale de 73,600 francs se décompose donc de la manière suivante :

Portes busquées, sans les manœuvres	48,800f	73,600f
Portes-valets.	18,526	
Manœuvres.	6,274	

La dépense prévue au détail estimatif était supérieure de 8,000 francs environ à la dépense d'exécution. Mais il y aurait lieu d'ajouter à cette dernière les sommes qui ont pu être dépensées en régie.

Tous les ans, on a donné une couche de peinture ou de goudron. Le mailletage paraît toujours en bon état.

Portes en bois de la grande écluse du bassin à flot de Saint-Nazaire.

(Voir les figures 2 et 2 *bis* de la planche I.)

§ **16.** — Ces portes, ayant 25 mètres d'ouverture entre bajoyers, méritent l'attention des ingénieurs par suite de la particularité qu'elles présentent de n'avoir *pas de poteaux* proprement dits. Toutes les entretoises horizontales se prolongent d'un côté jusqu'au chardonnet et de l'autre jusqu'au contact du vantail opposé, et elles se terminent à chaque extrémité suivant le même profil.

La surface plane de contact en bout a environ 0,30 de largeur, et elle se raccorde avec la face aval par une partie arrondie sur un rayon de 0,08 et avec la face amont par un quart de cylindre ayant 0,25 de rayon, et au centre duquel se trouvent le tourillon et la crapaudine de rotation.

Les chardonnets ont, par suite de cette disposition, une forme spéciale qui paraît plus rationnelle que la forme arrondie ordinaire, à l'effet de recevoir les efforts de compression dus à la réaction des deux vantaux.

La partie basse du vantail est pleine, sans aucun vide, sur une hauteur de 4^m,80, c'est-à-dire formée par la superposition de douze entretoises en bois de 0,40 de hauteur, maintenues en bas et en haut par deux entretoises (en tôle de 10 millimètres et cornières 70 × 70) qui leur servent de cadre avec les frettes verticales en tôle de 10 millimètres, enveloppant complétement les deux extrémités des vantaux. Six séries de brides verticales intermédiaires et de très-nombreux boulons horizontaux (environ 580) complètent la réunion de ces douze pièces de façon à n'en former qu'une seule.

Au-dessus de cette partie pleine, on trouve deux vides de 0,95 de hauteur séparés par une entretoise isolée de 0,40 semblable aux autres, et puis, en remontant, un vide plus grand de 2^m,00 de hauteur surmonté de la traverse supérieure ayant aussi 0,40. Le dessus du vantail est consolidé, comme le dessous, par une entretoise en tôle et cornières, reliée elle-même avec les frettes des deux abouts.

Ces dernières, faisant l'office de poteaux, forment une série d'*anneaux superposés* sur toute la hauteur du vantail, et sont rendues solidaires par des contre-joints rivés à tête fraisée dans toutes les parties du contact.

Les tourillons du haut et du bas sont en fonte; et ils s'engagent entre la cornière des entretoises extrêmes auxquelles ils sont reliés aussi fortement que le comporte ce système. En plus des attaches ordinaires, le tourillon supérieur, travaillant au cisaillement, est traversé de haut en bas suivant son axe par un boulon de 110 millimètres de diamètre, qui se prolonge jusqu'au-dessous de la traverse supérieure en bois.

Chaque entretoise horizontale est une espèce de poutre-armée, composée d'un entrait à l'aval, carré de $0^m,40$ de côté, et à l'amont de quatre pièces, cintrées à l'étuve et juxtaposées, ayant $0^m,20$ d'épaisseur. Deux de ces pièces se prolongent sur toute la longueur du vantail, tandis que les deux intérieures s'assemblent à redans sur l'entrait. La figure 2 montre qu'il existe entre ces pièces et l'entrait, vers le milieu, sur une longueur de $6^m,50$ environ, une série de vides qui sont remplis par des *calages verticaux*, en bois, battus au mouton. Ce sont ces calages qui constituent, avec les bordés et avec quatre séries de montants verticaux extérieurs, la solidarité désirable entre toutes les entretoises horizontales.

Le bordage d'amont est en bois de 8 à 9 d'épaisseur, et il règne sur toute la hauteur du vantail; à l'aval, au contraire, ce n'est qu'au-dessus de la partie pleine qu'existe un bordé, en tôles de 5 millimètres, limité par les deux entretoises en tôle, et ayant par conséquent une hauteur de $5^m,25$.

La face inférieure de chaque vantail repose sur deux paires de *roulettes* placées, l'une vers le milieu, et l'autre près de l'extrémité du vantail. Le diamètre des roulettes n'est que de $0^m,28$ avec une largeur de roulement de $0^m,18$. En raison de la très-faible charge qu'elles ont à supporter, le radier ne porte pas de chemin métallique. Les conditions de roulement sont évidemment très-mauvaises, par suite de l'insuffisance des dimensions des roulettes qui devaient pouvoir se loger dans le vide de $0^m,30$ de hauteur existant entre le vantail et le radier. Mais il me semble que, si la nécessité des roulettes était reconnue, il y aurait lieu, dans des cas semblables, à étudier une disposition spéciale permettant l'emploi de roulettes plus grandes.

Voici les *dimensions principales* de ces portes :

Largeur de l'ouverture entre bajoyers.	$25^m,00$	surface 244,50
Hauteur de la traverse supérieure au-dessus de la pointe du busc.	9,78	
Longueur sur l'axe d'un vantail.	13,83	
Hauteur du vantail, y compris la cornière supérieure.	9,98	
Hauteur au-dessus du busc, de la basse mer de vive eau d'équinoxe.	3,30	
Hauteur au-dessus du busc, de la haute mer de morte eau minima.	7,30	
Hauteur au-dessus du busc, de la haute mer de vive eau d'équinoxe.	9,22	

Épaisseur du vantail au milieu. 1,60
Épaisseur du vantail aux extrémités. 0,63
Diamètre du tourillon supérieur. 0,30
Diamètre du tourillon inférieur. 0,25

La première paire de portes a été construite en 1856, en *sapin rouge* de Prusse ; mais, pour la deuxième paire, construite en 1859, les ingénieurs ont préféré employer le *pitch pine*, bois résineux des États-Unis qui, entre autres avantages, avait celui d'être plus dense que le sapin. Cette condition de densité est, dans l'espèce, assez importante, si l'on considère, d'une part, que le poids d'un vantail à l'air libre est de 123 tonnes avec le *pitch pine* pesant 730 kilogrammes le mètre cube, et que, d'autre part, le volume déplacé de la partie pleine du vantail tout entier est de 123 mètres cubes. Les portes seront donc très-légères avec les hauteurs d'eau sous lesquelles elles sont ordinairement manœuvrées et, dans l'hypothèse de l'emploi du sapin, il est désirable de lester les vantaux pour les faire peser un peu sur le pivot, afin d'être dans les conditions voulues pour une manœuvre facile et sûre.

Le *montage* des premières portes s'est fait verticalement dans l'écluse même. Les secondes ont dû être construites en chantier, et, comme les premières, on les a montées debout, et puis elles ont été abattues pour les faire flotter et en opérer le transport jusque dans les chambres. C'est avec raison que le montage debout a été préféré au montage à plat parce que, dans ce dernier cas, il se présente des difficultés d'exécution, provenant surtout de ce que la face qui regarde le sol n'est pas facilement accessible. Sur la moitié du vantail, le travail de main-d'œuvre sur place doit être fait de bas en haut ; ce qui n'est guère pratique et ce qui, dans tous les cas, ne permet pas d'obtenir un travail aussi parfait et aussi soigné.

Mais il restait à faire l'opération difficile de l'*abatage en chantier* qui a parfaitement réussi, et qui n'a présenté d'autre inconvénient que celui d'une dépense très-notable. On a dû, en effet, ménager, le long du vantail, un bassin ayant une profondeur d'eau de 4 mètres (elle aurait pu être réduite à $3^{m},50$ et même à $3^{m},00$), et c'est sur cette nappe d'eau que s'est abattu le vantail, en faisant quartier autour de cylindres en fonte qui présentaient un refouillement longitudinal en quart de cercle, dans lequel l'arête pivotante du vantail se trouvait engagée.

Prix de revient des deux vantaux (non compris les appareils de manœuvre).

243^{mc}.50 charpente en place (*pitch pine*)	336.37	82027^{f},85
La fourniture des bois, déchets compris, entre pour 169.59		
La façon, y compris le matériel, le pliage à l'étuve, la pose des ferrements, l'abatage en chantier et la conduite à l'écluse, pour 166.78		
16994^{k},50 tôle galvanisée (pose comprise)	1.70	28890 ,65
20260^{k}. tôle non galvanisée (pose comprise)	1.50	30390 ,00
29493^{k}. ferrements galvanisés, prix moyen	1.27	37360 ,80
Tous ces ferrements sont en fer de Basse-Indre, de qualité supérieure, dit fer-câble.		
3006^{k}. fonte de fer, prix moyen	0.626	1881 ,76
Calfatage.		2294 ,44
Peinture, enduit et mastic.		6755 ,78
Frais divers et menues fournitures.		2863 ,03
Total.		192464^{f} 31

A défaut d'entrepreneur, ces portes ont été construites en régie. Le matériel nécessaire pour la mise en œuvre des bois a dû être porté en compte, tandis qu'un entrepreneur l'eût possédé et aurait pu l'employer ultérieurement. Mais remarquons que la valeur de ce matériel, après ce premier usage, est loin d'atteindre le chiffre de 10 pour 100 représentant le bénéfice normal qui est attribué à l'entreprise, et nous pouvons admettre que la dépense totale de 192,000 francs représente bien le prix qu'il aurait fallu payer à un entrepreneur.

Grandes portes en bois de l'écluse de la citadelle au Havre.

(Voir les figures 3 et 3 *bis* de la planche 1.)

§ **17.** — Ces portes, terminées en 1862, sont remarquables en raison de leurs dimensions exceptionnelles. L'ouverture entre bajoyers est de 30^{m},50 (100 pieds anglais), et le busc du radier a été posé à 3^{m},50 en contre-bas des basses mers de vive eau ordinaire, c'est-à-dire à environ 3 mètres au-dessous des plus basses mers. Il n'existe pas d'autres portes aussi profondes et aussi larges. Les grandes portes de la Mersey, à Liverpool et à Birkenhead, sont de même largeur d'ouverture, mais les radiers sont beaucoup plus hauts. L'écluse de la citadelle au Havre présente 8^{m},50 de creux en pleine mer de mortes eaux; elle peut donc donner passage aux plus grands navires, dont la calaison ne peut pas dépasser 7^{m},50.

La construction des portes de la citadelle a présenté de très-grandes difficultés au point de vue de l'approvisionnement des gros bois nécessaires, et je crois qu'aujourd'hui il serait pratiquement impossible de les reconstruire d'après le même système; il faudrait le modifier dans le but de permettre l'emploi de bois moins gros et moins longs, ou bien il faudrait accepter l'emploi du fer que des préventions injustifiées ont fait rejeter en France, jusqu'il y a quelques années.

Je vais donner seulement une description sommaire en renvoyant, pour de plus grands détails, à l'ouvrage de M. Bouniceau sur les constructions à la mer.

Ces portes d'ebbe sont doubles, espacées l'une de l'autre de 28m,60 ; elles ne constituent donc pas un sas. La flèche du busc, comprise entre le cinquième et le sixième de l'ouverture, a été calculée de telle façon que les deux vantaux fermés présentent à l'amont un seul arc de cercle de 32m,70 de rayon. Les enclaves ont 18m,11 de longueur, et une profondeur de 3m,50 nécessaires pour recevoir le vantail et son valet.

Le dessus des vantaux formant *retenue* se trouve à quelques centimètres seulement, en contre-haut des hautes mers de morte eau ; mais on peut, à la rigueur, augmenter la retenue par des hausses mobiles. La juste préoccupation des ingénieurs désireux d'obtenir des portes légères sur le pivot, sans que pour cela, en temps de vives eaux, la plus grande immersion tendît à les soulever, a fait déterminer l'arasement des vantaux au niveau dont je viens de parler.

La conséquence de cette disposition a été de faire des *portes suspendues* par des écharpes, pouvant fonctionner sans roulettes; mais néanmoins on a dû en installer pour le cas accidentel où les eaux viendraient à baisser dans le bassin. Chaque vantail peut donc reposer sur *deux roulettes*, l'une située tout près du poteau busqué et l'autre à environ 9 mètres de distance du pivot. Elles ont, 0m,45 environ de diamètre, 0m,15 de largeur, et elles peuvent être relevées et réglées au moyen de verrins manœuvrés sur la passerelle. Le roulement se fait directement sur le fond du bas radier des enclaves.

Chaque vantail se compose essentiellement de deux poteaux en chêne de France réunis par vingt-trois entretoises de 0m,30 de hauteur en sapin de Prusse. Elles se trouvent superposées au contact l'une de l'autre, de façon à ne former, pour ainsi dire, que *trois grandes entretoises.* L'une, inférieure, comprend dix-huit pièces donnant par conséquent une hauteur de bois plein de 5m,40. L'autre, intermédiaire, en comprend trois (0m,90), et enfin la dernière, formant entretoise supérieure, a une hauteur de 0m,60, puisqu'elle est obtenue par la supposition de deux entretoises.

Chaque *entretoise partielle* est une poutre armée pleine, de 2m,00 de hauteur en son milieu et de 16,m16 de longueur entre poteaux ; elle est droite à l'aval, tandis qu'elle présente, du côté de la charge, une très-forte courbure. Leur composition, ainsi que leur réunion par des pièces verticales intérieures, sont analogues à celles que j'ai décrites plus haut pour les portes de Saint-Nazaire, et d'ailleurs elles se trouvent suffisamment indiquées aux dessins.

Trois grandes frettes horizontales et quatre gros boulons à tendeurs permettent de serrer les entretoises contre les poteaux et empêchent donc l'écartement de ceux-ci. De très-nombreux boulons verticaux et horizontaux, ainsi que cinq séries d'étriers verticaux, forment la liaison des différentes pièces des entretoises. Les écharpes sont doubles sur chaque face. La plus longue (environ 20 mètres) s'accroche sur le poteau-tourillon au-dessus du collier. Celui-ci est en deux pièces de fer forgé embrassant, sur le milieu de la circonférence, le tourillon en bois dont le diamètre est de $0^m,75$.

La *crapaudine et le pivot* sont en bronze. C'est le poteau qui porte le bout mâle. Il en résulte l'inconvénient de l'obstruction possible de la crapaudine ; mais, par contre, le poteau est moins affaibli. Je crois que les deux pièces de rotation ont été ajustées sans jeu sensible, et cela constitue, suivant moi, une condition très-désavantageuse au point de vue de la manœuvre des vantaux, alors surtout que ceux-ci, par l'usage, auront perdu leur rectitude de dimensions premières, par rapport au chardonnet et au busc.

Chaque vantail porte *deux ventelles* disposées symétriquement dans le premier vide au-dessus de la grosse entretoise et dans le voisinage des deux poteaux, afin que leur saillie sur la face courbe ne gêne pas le logement dans les enclaves. La largeur d'ouverture des ventelles est de $2^m,00$, et la hauteur de $0^m,70$.

Les mécanismes de manœuvre exigent un nombre d'hommes assez considérable, pour un temps relativement très-long. On ne peut donc pas les signaler comme un modèle à suivre, à moins toutefois que la mise en mouvement n'exige un plus grand effort que celui qui avait été prévu, par suite de frottements ou de charges sur lesquels on n'avait pas compté.

Les portes d'aval sont munies de valets de $0^m,40$ d'épaisseur sur environ $15^m,80$ de longueur. Voici *quelques dimensions principales :*

Largeur de l'ouverture entre bajoyers.	$30^m,50$	surface $289^{m2},75$
Hauteur de la traverse supérieure au-dessus de la pointe du busc.	9,50	
Longueur d'un vantail, du dehors du tourillon, au milieu du contact.	17,60	
Hauteur du vantail.	9,80	
Hauteur au-dessus du busc de la basse mer de vive eau ordinaire.	3,50	
Hauteur au-dessus du busc du niveau moyen de la mer.	7,35	

Hauteur au-dessus du busc de la haute mer de vive eau	11,00		
Épaisseur totale du vantail en son milieu	2,08		
Épaisseur du vantail au droit de l'axe du poteau-tourillon	0,90		
Épaisseur du vantail à l'extrémité du poteau busqué.	0,65		
Largeur de la surface de contact des deux vantaux.	0,40	à 0,45	
Saillie du busc sur le bas radier	1,00		
Vide sous le vantail	0,70		
Hauteur de la passerelle au-dessus du vantail	2,00		
Hauteur de l'arête du bajoyer au-dessus du vantail.	4,00		
Dimensions maxima du poteau-tourillon. . . 1m,00 × 0,88 longueur	12,90c	=	11m3,35
Dimensions maxima du poteau busqué. . . . 0,80 × 0,62 longueur	11,80	=	5,85
Épaisseur des bordages à l'amont	0,08		

Voici un *état récapitulatif des dépenses :*

Un vantail busqué.	Charpente (215 à 220 mètres cubes)	63.750f 01	
	Métaux divers	78.131 19	
	Mailletage	8.205 84	
	Goudronnage, calfatage et peinture	2.474 94	
	Mécanismes de manœuvre	19.898 01	
	Et pour quatre semblables	172.459 99	689.839f 96
Une porte valet.	Charpente	4.078 83	
	Métaux divers	8.838 39	
	Mailletage	2.073 47	
	Divers	55 29	
	Et pour deux semblables	15.045 98	30.091 96
Dépenses en régie.	Main-d'œuvre	53.067 42	115.259 08
	Travaux à la tâche	168 18	
	Fournitures et travaux sur mémoires	48,865 35	
	Acquisition des caps de levage	11,235 13	
	Acquisition de modèles	1.923 00	
	Dépense totale		835.191 00

Cette somme totale peut être décomposée comme il suit :

4 Vantaux busqués, sans les mécanismes, à	712.348f 87	791.940f 91
Mécanismes de manœuvre des 2 portes busquées	79.592 04	
2 Portes-valets	30.091 96	
Acquisition de caps de levage et de modèles	13.158 13	
Somme égale	835.191 00	

Portes d'ebbe, en bois, du bassin de Duquesne à Dieppe.

(Voir les figures 4 et 4 *bis* de la planche I.)

§ 18. — Construites tout récemment, ces portes sont remarquables par leur simplicité, par l'*équidistance des entretoises* horizontales, et constituent un très-bon type. M. Lavoinne, ingénieur des ponts et chaussées, a fait l'application, dans les calculs de leur ossature en bois, des formules de résistance qu'il a trouvées lui-même, sur la flexion des entretoises reliées par un système d'armatures verticales, formules dont je donnerai plus loin un extrait.

La largeur entre bajoyers est de 16m,50, et la hauteur au-dessus du busc de la traverse supérieure du vantail, formant la retenue, est égale à 8m,05. Le busc découvre en vives eaux ordinaires et les hautes mers d'équinoxe dépassent le vantail de 0m,30.

Celui-ci est formé d'un cadre en chêne, dont les poteaux sont reliés par huit entretoises horizontales semblables, en sapin, présentant entre elles et avec les traverses supérieure et inférieure, neuf vides égaux de 0m,45 de hauteur. Trois montants, verticaux et équidistants, établissent la solidarité désirable ; chacun est formé de deux pièces, l'une 40 × 30 du côté de la retenue et l'autre 40 × 15 à l'aval, entaillées de 0m,05 au droit de chaque entretoise. Celle-ci est formée de deux pièces longitudinales de hauteur 0m,40, assemblées à redans et serrées ensemble par des boulons, de façon à ne former qu'une seule pièce, droite à l'aval, courbe à l'amont, et ayant en son milieu une épaisseur de 0m,65.

Le vantail est suspendu sur sa double écharpe dont l'effort est directement reporté sur le collier, par l'intermédiaire du chapeau en bronze qui coiffe le poteau-tourillon. Ce chapeau porte, venus de fonte, le tourillon supérieur et aussi deux oreilles latérales sur lesquelles reposent les écrous des écharpes. La crapaudine inférieure est en bronze. Comme toujours, des ferrures portant des tendeurs tiennent les poteaux serrés contre les pièces horizontales. Il y a deux ventelles par vantail. Le bordage d'amont est en chêne de 0m,08 d'épaisseur.

Longueur totale du vantail.	9m,31
Hauteur du vantail proprement dit.	8 ,25
Hauteur totale du vantail, y compris la traverse formant passerelle.	9 ,31
Hauteur au-dessus du busc, de la basse mer de morte eau ordinaire.	0 ,75

Les autres dimensions principales sont données par les dessins.

Ces *portes ne sont pas mailletées,* sans doute parce que le busc est très-élevé et que la traverse inférieure seule se trouve au-dessous du niveau des basses-mers de morte-eau; à Dieppe les attaques des vers marins n'ont pas été observées à la hauteur du seuil des portes, très-voisine de celle que ces insectes ne dépassent pas.

Voici une copie du décompte de construction :

DÉSIGNATION.	QUANTITÉS.	PRIX unitaires.	SOMMES.
	m.3	f.	fr.
Bois de chêne, gros échantillon.........	28,90	397	11,499
Bois de chêne, petit échantillon.........	3,91	259	1,016
Bois de sapin.........................	47,13	190	8,982
Bordages en chêne, 8cm d'épaisseur......	88m,2	18 ,71	1,654
Fers, tôles, clous et vis à bois..........	13,478k		13,042
Galvanisation de fers..................	4,295	0 ,22	945
Crapaudines en bronze, clous en cuivre, etc.	724	4 ,39	3,179
Calfatage..........................	1,082m	0 ,66	714
Goudronnage........................	1,000	0 ,41	413
Total...............	....	....	41,444
Rabais 10 % à déduire.........	....	....	4,144
			37,300
Chapeaux en bronze en régie (1000k), etc.	....	....	4,700
Dépense totale.............	....	....	42,000

Le cube total des bois est de 87 mètres cubes, dont le prix moyen ressort à 240 francs, rabais déduit. Ce prix, insuffisant pour être rémunérateur, sera sans nul doute augmenté dans l'avenir.

Portes mixtes de Fécamp, construites en 1864-1865.

(Voir les coupes à la planche 2.)

§ 19. — J'appelle ces portes mixtes, parce que les entretoises horizontales sont en bois et fer; toutes les autres pièces sont en bois, et leur disposition ne diffère pas d'ailleurs de celle qui est le plus généralement adoptée en France pour les portes entièrement en bois.

Ayant, comme entrepreneur, construit ces portes, j'en donnerais ici une description complète, si elle n'avait été déjà donnée par M. Carlier, ingénieur des ponts et chaussées, dans les annales de 1869. Je vais donc mentionner seulement quelques dimensions principales, faire ressortir certaines particularités et donner un état de dépenses. Ceux qui désireraient connaître tous les détails voudront bien se reporter à la note qui a paru dans les Annales des ponts et chaussées.

Dimensions principales.

Désignation	Dimensions	Valeur	
Largeur de l'ouverture entre bajoyers		$16^{m},50$	surface 162,85
Hauteur de la traverse supérieure au-dessus de la pointe du busc		9 ,87	
Longueur d'un vantail, du dehors du tourillon, au milieu du contact		9 ,45	
Hauteur d'un vantail, y compris la repaisse supérieure de 0,22 d'épaisseur		10 ,17	
Hauteur au-dessus du busc des basses mers de vives-eaux d'équinoxe		1 ,50	marées de $9^{m},65$
Hauteur au-dessus du busc des hautes mers de vives-eaux d'équinoxe		11 ,15	
Épaisseur du vantail en son milieu		0 ,66	
Épaisseur du vantail au droit des poteaux		0 ,50	
Rayon de l'arc de cercle de la face-amont des vantaux		66 ,00	
Saillie du busc sur le radier des chambres		0 ,40	
Flèche du busc (environ 1/5 de l'ouverture)		3 ,25	
Longueur des entretoises-renforts, en fer		8 ,10	
Longueur horizontale entre poteaux		8 ,34	
Épaisseur du bordage d'amont, en yellow pine		0 ,10	
Épaisseur du bordage d'aval, en chêne		0 ,06	
Dimensions maxima du poteau tourillon, chêne	60 × 52 longueur.	10 ,80	
Dimensions maxima du poteau busqué, à l'amont	60 × 52 »	10 ,36	
Dimensions de la traverse inférieure en chêne au milieu	66 × 45 »		
Dimensions de la traverse supérieure en chêne au milieu	66 × 50 »		
Dimensions des neuf entretoises en yellow pine au milieu	50 × 45 »		
Section d'un renfort en fer (deux par entretoise) une âme de 10 millimètres et deux cornières	$\frac{65 \times 65}{9}$		
Section des fers des écharpes, et armatures	135 × 30		
Volume extérieur d'un vantail supposé étanche		$56^{m3},65$	
Volume réel des pièces d'un vantail (volume déplacé)		42 ,70	
Poids total d'un vantail en supposant le chêne à 920^{k}, et le yellow pine à 630^{k}		49 tonnes.	

Il résulte des chiffres du précédent tableau que les grandes marées de vives-eaux sont très-fortes à Fécamp. Les bajoyers sont à la même hauteur que les plus grandes eaux ; c'est évidemment une mauvaise condition; mais les circonstances locales n'ont pas permis une plus grande élévation des bajoyers.

Les bois qui ont servi à la construction de ces portes proviennent du Canada: ce sont, pour les poteaux et traverses, le *chêne de Québec;* et pour les entretoises intermédiaires, le *yellow pine* ou pin jaune. Ces bois sont plus sains, plus de droits fils et ont plus de nœuds que nos bois européens; mais ils ne sont pas aussi durs et aussi tenaces. Le chêne de France avait été imposé par le cahier des charges ; mais une enquête, poursuivie également par l'administration jusque dans les ports des voies navigables de la Bourgogne et de la Champagne, a démontré que, en 1864, il n'existait pas dans le commerce des arbres sains assez gros pour pouvoir en tirer toutes les pièces nécessaires qui devaient être complétement purgées d'aubier. D'autre part, le pin du Canada, très-peu dense, avait l'avantage de donner de la légèreté aux portes, condition favorable dans l'espèce, puisque les renforts métalliques venaient en augmenter la densité.

Les bois d'Amérique ont été achetés à Liverpool, équarris à la hache, à peu près droits; il a fallu 1,85 de chêne commercial pour en tirer 1 de chêne en œuvre sans aubier ni défauts, compté à son cube réel. La proportion pour le pin a été de 1.65 pour 1.

Le système de construction métallique des parties fixes et mobiles des *ventelles*, proposé par les constructeurs et adopté par l'administration, mérite d'être étudié; il présente toutes les garanties désirables pour le bon fonctionnement, et il a l'avantage de renforcer les vantaux aux points où, dans la plupart des cas, ils sont affaiblis.

Les *portes-valets* supportent à Fécamp des efforts exceptionnels en raison du ressac considérable et aussi, pour le cas où, la nuit, la hauteur de de la marée serait, pendant le flot, un peu supérieure aux portes. Aussi ces valets sont-ils construits dans des dimensions plus fortes qu'à l'ordinaire : ils ont une épaisseur de 0,50, alors que 0,45, 0,40 et même 0,35 ont été reconnus suffisants pour des valets, même beaucoup plus longs. A Fécamp la longueur n'est que de $8^{m}.75$; le poteau tourillon et le poteau battant sont en chêne de $0{,}50 \times 0{,}50$ et les autres pièces en proportion.

Un autre détail est à remarquer; c'est que les vantaux busqués restent quelquefois assez longtemps dans leurs enclaves, et, afin de soulager les colliers, on a scellé sur la paroi verticale des chambres un *petit verrin de calage*, agissant sous un certain angle, de bas en haut. Enfin, des précautions spéciales ont été prises pour préserver les bois et les métaux de la détérioration à l'eau de mer. Tous les fers et fontes ont été galvanisés; les bois ont reçu une double couche de minium et puis trois couches de goudron. Enfin, dans toutes les parties où le fer devait s'appliquer sur les bois, on a interposé entre les surfaces, et sur toute l'étendue du contact, une bande de toile goudronnée. Les parties basses des portes ont été mailletées.

État récapitulatif des dépenses (rabais déduit).

1° *Porte busquée.* — 2 vantaux.

Désignation	Quantités	Totaux partiels	Dépenses	Total
Bois de chêne	38^{m3},71	total 81^{mc},42	20.450^{f}	77,600^{f}
Bois de pin	42 ,71			
Tôles et cornières	19.475^{k}	total 36.787^{k}	38.000	
Armatures et chevilles	14.126			
Clous à mailleter (112 mètres carrés)	2.507			
Fontes	679			
Colliers, crapaudines en bronze, tirants, main-d'œuvre du mailletage, etc.			14.700	
Caoutchouc, toile, goudronnage, peinture, calfatage			4.450	

2° *Portes-valets.*

Désignation	Quantités	Totaux partiels	Dépenses	Total
Bois de chêne	16^{m3},89	total 40^{mc},24	11.000	25,700
Bois de pin	23 ,35			
Fers pour armatures, etc.	6.954^{k}	total 8.386^{k}	8.700	
Clous à mailleter (45 mètres carrés)	916			
Fontes	516			
Peinture et goudronnage			880	
Colliers, crapaudines, tirants, main d'œuvre du mailletage, etc.			5.120	
3° *Appareils de manœuvre, chaînes, etc.*				6,000
4° *Canons d'amarre, vanne de rechange, modèles*				2,700
Dépense totale				112.000^{f}

Les prix des bois (en moyenne 260 francs le mètre cube) ont été très-insuffisants pour faire face aux dépenses qu'ils ont occasionnées.

Portes mixtes de Boulogne, construites en 1866-1867.

(Voir les coupes à la planche 2.)

§ **20.** — Comme les précédentes, ces portes ont des entretoises horizontales mixtes, avec cette différence principale que, à Fécamp, chaque pièce est composée d'une entretoise unique en bois comprise entre deux renforts en fer (à 2 cornières), tandis que, à Boulogne, c'est l'entretoise en fer (à 4 cornières), qui est unique et par suite serrée entre les deux demi-entretoises en sapin.

Chacun des systèmes a sur l'autre ses avantages comme ses inconvénients. Dans le cas qui nous occupe, les bois sont de faible échantillon et il a été plus facile de les trouver sains et sans défauts. De plus, à résistance égale, l'entretoise unique avec 4 cornières est beaucoup plus légère et par suite plus économique. Mais, d'autre part, l'inconvénient déjà signalé des pièces mixtes soumises à des charges considérables paraît exister à Boulogne à un degré plus grand qu'à Fécamp, puisque, dans ce dernier cas, des précautions spéciales ont pu être prises pour permettre au fer et au bois de travailler isolément, sinon d'une façon complète, mais au moins suffisante pour enlever toutes craintes sérieuses.

Les portes mixtes de Boulogne sont *suspendues* sur leurs écharpes et n'ont pas de roulettes. Le vantail est, comme d'ordinaire, composé d'un cadre en chêne avec des entretoises horizontales intermédiaires. Celles-ci, au nombre de 9, peuvent être classées en quatre catégories, comprenant à partir du bas :

1° 3 entretoises doubles en sapin, avec poutre en tôle centrale, composée d'une âme de $8^m/_m$, de 4 cornières $\frac{80 \times 80}{14}$ et de 2 plates-bandes $\frac{170}{18}$.

2° 2 entretoises doubles, avec poutres en tôle sans plates-bandes.

3° 3 entretoises doubles, non armées.

4° 1 entretoise simple, toujours en sapin.

Toutes les *entretoises*, en bois ou en fer, ont une longueur de $11^m,10$ entre poteaux, avec une épaisseur au milieu de 0,85, réduite aux extrémités à 0,45, par la courbure d'amont correspondant à un rayon de $38^m,70$. Chaque entretoise simple en sapin a 0,30 de hauteur et elle est composée de deux pièces assemblées à redans, comme le dessin l'indique. De même qu'à Fécamp, les entretoises ne sont pas tout à fait horizontales; on a préféré leur faire relever le nez de quelques centimètres du côté du poteau busqué. Les *pièces verticales* réunissant les entretoises sont au nombre de 5, également espacées; elles sont en chêne de 30×25 à l'amont et 20×10 à l'aval. Outre les ferrures formant armatures encastrées dans les pièces en chêne du cadre, 4 grands boulons de $60^m/_m$ avec tendeurs réunissent les deux poteaux.

Les dispositions qui ont été données au *tourillon* et à la *crapaudine* méritent une mention spéciale. Le frottement au tourillon supérieur est entre fer et bronze, condition évidemment très-favorable à la manœuvre. Pour l'obtenir, le poteau a été coiffé par un chapeau en bronze, portant à sa partie supérieure un goujon de 0,30 de diamètre, que le collier en fer embrasse sur le milieu de sa circonférence. De plus, ce chapeau porte des oreilles latérales derrière lesquelles les forts écrous des écharpes viennent reposer, et un patin venu de fonte s'applique sur la traverse supérieure qui est rendue elle-même solidaire des deux entretoises voisines et du poteau tourillon, au moyen de deux sabots en fonte que la coupe verticale indique. Les boulons d'assemblage sont en cuivre. La crapaudine du bas est aussi en bronze ; le goujon est creux, avec un diamètre extérieur de 0,32, ce qui a permis de faire pénétrer à l'intérieur le cœur de chêne du poteau. La crapaudine femelle est donc fixe dans la bourdonnière et elle reçoit la pression du goujon par l'intermédiaire d'une lentille de 0,06 d'épaisseur à double surface convexe, sauf un petit aplatissement central de 0,10 de diamètre. Je crois que l'interposition de cette lentille entre les deux surfaces convexes du goujon et du fond de la crapaudine femelle a, entre autres avantages, celui de présenter deux vides, en forme de couronne, dans lesquels les sables fins pourront trouver à se loger, sans gêner la rotation.

Les bois des portes busquées sont *mailletés* en fer jusqu'au niveau des basses mers de morte-eau ; mais autour de la crapaudine en bronze, les clous et les pointes de mailletage sont en cuivre et isolés des clous en fer par une bande de caoutchouc de 0,10 de largeur. Toutes ces précautions ont été prises pour obtenir l'isolement entre métaux différents, dont j'ai fait déjà ressortir l'importance. Les clous en fer sont semblables à ceux de Dunkerque, avec $27^{m}/_{m}$ de diamètre de tête à collet carré et et à tige effilée de $22^{m}/_{m}$ de longueur. Le *mètre carré de mailletage* a nécessité 1700 clous pesant 24 kilog., et il est revenu à 28 francs.

Le service de la communication d'eau se fait par des aqueducs latéraux. La traverse supérieure est protégée des bateaux par une fourrure à l'amont dans le plan des pièces verticales, et à l'aval par une fourrure saillante. Des madriers de chêne de 0,05 d'épaisseur, présentant des vides égaux aux pleins, protégent la face aval des vantaux, depuis le haut jusqu'à 0,50 au-dessous du niveau moyen de la mer.

Voici quelques *dimensions principales :*

Largeur de l'ouverture entre bajoyers.	$21^{m},00$	surface 200,55
Hauteur de la traverse supérieure au-dessus de la pointe du busc.	9 ,55	
Longueur du vantail, du dehors du tourillon, au milieu du contact.	12 ,18	
Hauteur du vantail.	9 ,75	
Hauteur au-dessus du busc des plus basses mers d'équinoxe.	0 ,50	marées de $8^{m},94$
Hauteur au-dessus du busc des plus hautes mers d'équinoxe.	9 ,44	
Épaisseur du vantail en son milieu.	0 ,95	
Épaisseur du vantail vers les poteaux.	0 ,55	

Saillie du busc	0^m,35
Flèche du busc (1 cinquième de l'ouverture)	4 ,20
Épaisseur du bordage d'amont en chêne	0 ,10
Longueur des portes-valets	11 ,10
Épaisseur des portes-valets	0 ,35

État des dépenses (rabais déduit).

1° *Deux vantaux busqués.*

Bois de chêne	$59^{m3}40$	145^{mc},68	36,800f	103,530f
Bois de sapin	86 28			
Fers pour entretoises, boulons, etc.	25,474k	35,380k	31,250	
Fers pour écharpes, armatures, etc	9,906			
Clous zingués	1,191		1,520	
Fonte	3,426		2,400	
Bronze, cuivre et acier	4,465		20,520	
Plomb pour scellement	917		730	
Goudronnage, peinture, calfatage, etc			1,980	
Mailletage exécuté en régie.	277^{m2},70 (en fer) à 28f =	7,775,60	8,330	
	0 38 (clous en cuivre) à 125 =	47,50		
	0 16 (pointes en cuivre) à 125 =	20,00		
	16 52 (pointes en fer) 28 =	462,20		
	(caoutchouc, 1k90) à 18 =	24,70		

2° *Portes-valets.*

Bois de chêne	21.70	7,770f	14,900f
Fers pour écharpes, armatures, boulons	3,205k	3,410	
Fonte	140	100	
Bronze, cuivre et acier	700	3,230	
Plomb pour scellement	160	125	
Goudronnage, etc.		265	

3° *Appareils de manœuvre.*

Fers divers	915	2,000k	2,200	6,200f
Chaînes	1,085			
Fonte	5,280		3,700	
Bois et divers			300	
Dépense totale				124,630f

Le prix moyen des bois ressort à 250 francs le mètre cube; mais je sais qu'ils sont revenus, sans bénéfice, à un prix supérieur.

Le *poids d'un vantail busqué* est d'environ 85 tonnes et il déplace, à haute mer de vive eau, un volume d'eau de 65 mètres cubes, correspondant à 67 tonnes d'allégement.

La charge sur le pivot sera donc de 18 tonnes au minimum; elle sera beaucoup plus considérable en marée de morte-eau.

Portes en fer de Boulogne, construites en 1866-1867.

(Voir les figures de la planche 3.)

§ 21. — Ce sont les premières portes en fer construites dans un port français. Elles existent à l'aval du sas de l'écluse donnant entrée au nouveau bassin à flot, tandis que, à l'amont du sas, les portes sont en bois ou plutôt mixtes ; ce sont celles que je viens de décrire.

Les conditions exceptionnelles dans lesquelles les portes d'aval devaient être placées ont fait adopter les portes métalliques, tout en décidant de construire, à côté d'elles, des portes en bois de même dimension pouvant donc servir de point de comparaison. Ce n'est donc qu'avec timidité que l'administration française s'est décidée à tenter l'emploi du fer dans les portes d'écluse maritimes; elles présentent cependant sur les portes en bois, dans le cas de grandes ouvertures, des avantages nombreux qui auraient pu, il me semble, conduire plutôt à leur application.

Dans l'espèce, les portes d'aval doivent pouvoir se manœuvrer avec *toutes hauteurs de la mer*, et, de plus, elles sont exposées au *ressac* qui, par certains vents, est très-considérable à Boulogne. Incontestablement, devant cette double condition, il n'y avait pas à hésiter. En effet, pour manœuvrer des portes, quelle que soit la hauteur de l'eau sur le busc (même 3 mètres seulement), il est indispensable de les établir sur roulettes et, par suite, de les faire aussi légères que possible dans l'hypothèse de la non-immersion.

Le fer a sur le bois le double avantage de donner des portes moins pesantes et d'un autre côté beaucoup plus rigides, c'est-à-dire plus propres à supporter les fatigues exceptionnelles qui résultent d'une immersion incomplète. Maintenant, quant au ressac, les portes en fer sont encore dans de bien meilleures conditions pour résister, puisque, étant à compartiments creux, on peut à volonté rendre les portes lourdes en laissant pénétrer l'eau à l'intérieur, et elles sont alors bien moins impressionnées sous les efforts du ressac.

J'ai construit ces portes métalliques et je vais en donner une description aussi complète que me le permet le cadre restreint de cette note.

L'ouverture entre bajoyers est de 21 mètres et la pointe du busc se trouve à 0,50 en contrebas des plus basses mers d'équinoxe. La hauteur des vantaux au-dessus du busc est de $9^{m},60$, et comme, à Boulogne, les grandes marées d'équinoxe donnent une différence de niveau de $8^{m},94$, il en résulte que le dessus des vantaux dépasse les plus hautes mers d'environ 16 centimètres.

Chaque vantail peut être considéré comme une espèce de *caisson*, fermé sur ses six faces, rectangulaire en hauteur, avec une face plane à l'aval, tandis que la face verticale d'amont est cintrée suivant un arc de cercle de rayon égal à $44^{m},58$. Les deux parois formant fermetures verticales aux abouts, sont revêtues de *fourrures en bois* qui font office de poteau tourillon et de poteau busqué, non pas au point de vue de la résistance, mais seulement dans le but d'établir un contact de pièces compressibles donnant l'étanchéité dans les points où le vantail s'appuie sur les maçonneries et sur le vantail opposé. Pour la même raison, une simple fourrure en bois est appliquée horizontalement sur le bas de la face d'aval, pour être en contact avec le busc en pierre. Outre les deux parois constituant les fermetures supérieure et inférieure, le vantail porte neuf autres cloisons horizontales qui le divisent en 10 *compartiments à peu près égaux*. La solidarité des 11 entretoises horizontales est établie, aux abouts par les deux fermetures-poteaux, et intermédiairement par trois grandes armatures verticales constituant de véritables poutres. Cette disposition est, je crois, la première application, aux portes d'écluse, des résultats d'expériences très-remarquables faites par M. Chevallier, résultats que je ferai connaître plus loin quand je m'occuperai des calculs de résistance.

Le vantail est divisé, sur sa hauteur, par des ponts étanches, en trois chambres horizontales, savoir :

1° La *chambre à air*, inférieure, comprenant 4 compartiments et ayant une hauteur de $3^{m},75$ d'axe en axe des tôles.

2° La *chambre à air ou à eau*, intermédiaire, correspondant à trois compartiments, a donc une hauteur de $2^{m},85$.

3° La *chambre à eau*, supérieure, comprenant les trois autres compartiments ayant ensemble 3 mètres de hauteur.

Le vantail a, par conséquent, une hauteur totale de $9^{m},60$, mesurée d'axe en axe des entretoises extrêmes ; tous les compartiments ont 0,950 de hauteur, à l'exception de celui du bas ($0^{m},90$), et celui du haut ($1^{m}10$). Sa longueur, mesurée du dehors de la fourrure du chardonnet jusqu'au milieu de la face de contact des poteaux busqués, est de $12^{m},23$; soit $11^{m},80$ pour la longueur de la coque en fer, 0,25 pour le rayon de la fourrure demi-circulaire du chardonnet, et 0,18 représente l'épaisseur vers le milieu de la fourrure trapézoïdale.

Le busc forme une saillie de $0^{m},35$ sur le bas radier ; sa flèche est le cinquième de l'ouverture, c'est-à-dire $4^{m},20$.

Entretoises horizontales intérieures. — Elles sont toutes semblables, en forme de poutres à double T, composées d'une âme de $10^{m}/_{m}$ d'épaisseur, de 4 cornières $\frac{80 \times 80}{13}$ et de 2 plates-bandes $\frac{170}{10}$. La hauteur des âmes au milieu est de 0,88, et vers les extrémités 0,49. La flèche de la courbure d'amont est donc de 0,39. Ces âmes ont été faites en 3 pièces réunies par des doubles couvrejoints. Quant aux cornières, il a été reconnu nécessaire de ne pas avoir de couvrejoints et d'employer des cornières d'extrémité forgées dans leur retour d'équerre, afin d'augmenter le plus possible la liaison avec les tôles-poteaux. Cette double condition a été obtenue en employant de longues cornières, à joints croisés et placés à une certaine distance des abouts. Les âmes de toutes les entretoises portent trois trous d'homme établissant la communication entre tous les compartiments, ou avec l'extérieur par l'intermédiaire des cheminées.

Entretoise inférieure. — En forme de poutre à double T avec âme de $16^{m}/_{m}$ d'épaisseur, hauteur au milieu 0,90, aux extrémités 0,51, et portant quatre cornières $\frac{100 \times 100}{14}$ sans plate-bande. L'âme et les deux cornières d'amont ont dû être interrompues au droit de la chambre de la roulette; mais l'emploi de goussets et de pièces spéciales a donné à cette chambre toute la rigidité désirable.

Entretoise supérieure. — 1 âme de $16^{m}/_{m}$ avec deux cornières inférieures de $\frac{100 \times 100}{14}$; l'âme est assez large pour couvrir les tôles de bordage.

Fermetures-poteaux. — 1 tôle de 500×16, portant intérieurement deux cornières $\frac{100 \times 100}{13}$ dont l'une, celle d'amont, est ouverte à l'angle convenable pour recevoir les bordés. La fermeture tourillon a, en plus, extérieurement une cornière $\frac{120 \times 80}{13}$, dont la petite branche butte sur la fourrure du chardonnet. Afin de donner plus de raideur à ces fermetures soumises aux efforts de compression dus à la réaction des deux vantaux, on les a armées intérieurement d'une série de fers à simple T verticaux, allant d'une entretoise à l'autre.

Armatures verticales. — En raison de leur importance, ces pièces devaient être construites dans les meilleures conditions que leur système comportait. Il y avait, d'une part, l'obligation d'interrompre leurs pièces montantes intérieures, pour respecter les entretoises horizontales, et puis, d'autre part, il était nécessaire de faire des évidements suffisants dans les cloisons de ces armatures, pour permettre une libre circulation dans les compartiments. Pour satisfaire à toutes ces conditions, les armatures sont composées, intérieurement, d'une série de quadruples cornières $\frac{100 \times 100}{14}$ forgées avec leurs retours d'équerre, de façon à reporter les joints vers l'axe neutre; ces cornières, réunies ensemble par quatre goussets triangulaires de $10^m/_m$, sont rivées avec les âmes des entretoises et avec les bordages verticaux sur lesquels cependant, et afin d'augmenter la résistance, on a ajouté une grande plate-bande extérieure de $\frac{210}{15}$ régnant sur toute la hauteur du vantail, et avec elle une série de doubles tôles de 210 de largeur formant fourrures entre les plate-bandes et les couvre-joints horizontaux. La distance moyenne horizontale du dehors au dehors des plates-bandes, c'est-à-dire la hauteur de la section des armatures, est de 0,974 pour la pièce centrale et de 0,878 pour les deux autres.

Bordages. — Ils sont les mêmes à l'amont et à l'aval. Leur épaisseur varie de $2^m/_m$, tous les deux compartiments étant successivement, à partir du bas, 16,14, 12, 10 et $8^m/_m$. Le cahier des charges portait à $18^m/_m$ l'épaisseur des bordages inférieurs; mais il a été reconnu que, dans la pratique, l'épaisseur de $16^m/_m$ ne devait pas être dépassée dans les grandes tôles pour obtenir un serrage énergique des rivets. Le remplacement des tôles de 18 par des tôles de 16 a eu pour conséquence de diminuer de 0,05 la hauteur du compartiment inférieur qui n'a que 0,90, et d'ajouter entre les armatures verticales des cadres en cornières qui ont eu pour effet de faire appuyer les bordages sur des panneaux à peu près carrés, condition évidemment favorable à leur résistance. Les joints des bordages ont été recouverts par des fers plats 170 × 10 qui, au droit des entretoises horizontales, doublent la section des plates-bandes. Du côté du poteau busqué les tôles ont été prolongées de 0,06 à l'aval et de 0,18 à l'amont, de façon à embrasser la fourrure en bois.

Rivetage. — Les rivets ont $20^m/_m$ de diamètre avec un espacement d'axe en axe de 70 à $75^m/_m$, nécessaire pour l'étanchéité. Les rivets extérieurs des armatures verticales sont un peu plus gros : ils sont en $22^m/_m$. On a employé, pour le rivage, des turcs spéciaux qui ont donné, à tous les points de vue, de très-bons services. L'ouvrier teneur de tas était, bien entendu, placé à l'intérieur des compartiments, c'est-à-dire dans de mauvaises conditions pour le développement de ses forces musculaires. Les turcs étaient très-légers, d'une longueur capable de se loger dans l'épaisseur du vantail, et il suffisait d'un demi-tour de vis pour serrer fortement la tête du rivet, puisque le turc prenait un point d'appui sur la face opposée du compartiment. La légèreté de ces engins avait été obtenue en les construisant creux, en fer de 90 millimètres de diamètre, recevant à une extrémité une queue terminée en forme de boutrolle et à l'autre extrémité un écrou fixe, dans lequel tournait la vis en fer plein de 50. Celles-ci étaient à trois filets et d'un pas convenable pour obtenir l'avancement nécessaire en faisant un demi-tour. La tête des vis portait une boutrolle fixe en acier qui formait tas.

Cheminées. — Chaque vantail porte deux cheminées qui donnent directement accès, l'une à la chambre à air, l'autre à la chambre intermédiaire à air ou à eau. De cette façon, la visite est toujours praticable. Leur section a été réduite au minimum afin de réserver le plus de place possible à l'intérieur pour les passages de communication. Les cheminées sont oblongues en section, 0,60 sur 0,35, deux demi-cercles de 0,35 de diamètre raccordés par une partie rectangulaire de 0,25. Deux rangées de mains en fer permettent d'y circuler avec assez de facilité.

Crapaudine et pivot. — La crapaudine est une grosse pièce en fer forgé dont le patin, de même largeur que le vantail et de longueur $1^{m},60$, est solidement rivé avec l'entretoise inférieure. Le mamelon creux de 0,35 de diamètre a été alésé à $220^{m}/_{m}$ et garni intérieurement d'un disque en acier présentant une surface concave du côté de la rotation. Cette crapaudine est surmontée d'une grosse équerre en fer forgé dont la longue branche verticale est rivée au poteau sur une hauteur correspondant aux deux compartiments inférieurs, et pour compléter la solidité de l'attache, ceux-ci ont reçu un double gousset en tôle qui forme la triangulation verticale entre l'équerre et le patin de la crapaudine.

Le pivot est en acier fondu; son empâtement à trois branches est encastré dans la bourdonnière où il est scellé. Le goujon saillant de 0,20 sur le radier a un diamètre de 0,20 et il se termine par une surface convexe. La rotation se fait donc entre deux surfaces en acier qui ne pourront jamais être envahies par les corps étrangers, puisque la crapaudine femelle est en l'air. Observons aussi que celle-ci présente avec le pivot un jeu annulaire de 1 centimètre, indispensable, suivant moi, pour assurer le bon fonctionnement des vantaux quand, par un long service ou encore par suite de l'interposition de quelque obstacle, ils ont pu se déformer dans les parties qui touchent aux maçonneries.

La crapaudine et le pivot sont *excentrés* par rapport au quart de cercle du chardonnet, afin que, aussitôt l'ouverture des portes commencée, les surfaces de contact s'éloignent l'une de l'autre et ne fournissent plus de frottement. L'excentricité, à Boulogne, est de $25^{m}/_{m}$, mesurés sur la bissectrice de l'angle qui est formé par l'axe de la porte ouverte avec le prolongement de l'axe de la porte fermée.

Tourillon supérieur. — C'est une pièce en fer forgé, de forme analogue à la crapaudine inférieure, sauf que le mamelon est plein et qu'il a 0,30 de diamètre. Le mode de fixation a donné lieu aux mêmes précautions. Le demi-collier qui forme la cravate du tourillon est aussi en fer forgé et il s'accroche sur deux tirants en fer carré de 100 (longueurs $4^{m},45$ et $3^{m},45$) noyés dans les maçonneries et portant tous les mètres des trous renflés et des goujons, afin d'augmenter l'adhérence.

Roulette. — Son installation présente l'application de tous les perfectionnements successivement trouvés, principalement en Angleterre. Son diamètre moyen est de 0,65 avec une largeur de roulement de 0,20. Elle est logée sous le vantail, dans une retraite dont j'ai eu l'occasion de parler plus haut. La roulette a une conicité résultant de sa distance au pivot égale à 10 mètres, et elle est montée sur un *long essieu* (1^m,51) à l'exemple de ce qui avait été fait, pour la première fois, en 1840, aux portes de Calais, par M. Raffeneau de Lisle : heureuse disposition qui permet à la roulette de fonctionner sans glissement sur son chemin de fer. La direction de l'essieu, prolongée vers le pivot, passe par la verticale du centre de gravité du vantail ; sa portée en dedans de la roulette est de $120^m/_m$ de diamètre, et elle pénètre dans un support susceptible d'être réglé en hauteur. L'autre portée ($150^m/_m$) s'engage dans un *bloc-support* en fer forgé, enfourchant l'essieu de la roulette, sur lequel il est maintenu et réglé par un grand arbre vertical de $100^m/_m$ avec portées de 110, fileté à sa partie supérieure et retenu dans un écrou fixe sur le dessus du vantail par l'intermédiaire d'un bâtis. Cet *arbre régulateur*, imaginé en Angleterre, est de plus relié au bloc par une tige ronde avec rondelle et goupille qui peut servir à soulever ce dernier pour le dégager complétement de la roulette, en cas de visite, de réparation ou de remplacement.

Dans les portes de Boulogne, l'arbre vertical traverse le vantail sur toute sa hauteur, en étant logé dans une *colonne en fer creux* ; l'étanchéité et le réglage des trois tronçons de cette colonne, correspondant précisément avec les trois chambres du vantail, ont été obtenus en munissant chaque tronçon de manchons à filets droite et gauche qui ont servi à comprimer des rondelles en caoutchouc jusqu'à les amener au contact de l'arbre et à lui servir en même temps de guides. Le *chemin de la roulette* est en fonte, composé de 8 segments n'ayant pas plus de 1^m,55 de longueur chacun, et réunis entre eux par des couvrejoints fixés par 4 boulons en bronze. Le chemin a une largeur de 0,23 avec un patin de 0,45 encastré dans le radier et scellé avec soin afin de remplir les vides.

Accessoires divers. — Au-dessus des vantaux et à 1^m,35, une *passerelle* a été établie au niveau des bajoyers, avec un garde-corps à montants articulés permettant de l'abaisser et de le relever très-facilement à main d'homme. De cette façon, après l'ouverture des vantaux, aucune pièce ne dépasse la hauteur des bajoyers et ne peut gêner les manœuvres que l'entrée et la sortie des navires peut nécessiter.

Les *attaches des chaînes* de manœuvre sont à l'extrémité des vantaux et au milieu de leur hauteur. Ce sont de fortes manettes en fer rond de 40, mobiles horizontalement autour d'un axe vertical solidement relié à l'entretoise horizontale correspondante.

Quatre taquets en tôle garni de fourrures en bois reçoivent la buttée des portes-valets. Celles-ci, ainsi que les *appareils de manœuvres* sont semblables à ceux des portes d'amont en bois. Les treuils sont à doubles engrenages placés symétriquement et à deux manivelles, avec tambours à deux diamètres, l'un de 0,40 pour l'ouverture et l'autre de 0,78 pour la fermeture.

Sur ma demande, les fourrures du busc et des poteaux ont été faites en bois de *greenheart*, dont j'avais pu apprécier, en Angleterre, les bons services pour les travaux à la mer. Ces fourrures, maintenues contre les vantaux par des cornières, ont été, en outre, fixées au moyen de boulons de $25^{m}/_{m}$, de forme spéciale, puisqu'ils doivent être étanches. A cet effet, chaque boulon porte, vers une de ses extrémités, une embase et un écrou à six pans entre lesquels la paroi du vantail est serrée avec interposition d'une rondelle en plomb intérieure, tandis qu'à l'autre extrémité le boulon porte un écrou rond à encoches qui est noyé dans l'épaisseur des bois.

Montage et mise en place.

Dans la plupart des cas, en France, les portes d'écluse en bois ont été construites à plat et montées sur des bers ou chantiers inclinés, voisins de la mer, de façon à pouvoir les lancer facilement en temps de vives-eaux pour être ensuite transportées (flottantes le plus souvent avec tonneaux alléges) jusque dans les chambres. Le relevage s'y faisait, en profitant de la marée, et au moyen de cabestans et d'appareils spéciaux appropriés aux circonstances. Ce système de montage à plat doit être rejeté pour les vantaux en fer, à coques étanches.

A Boulogne, le montage s'est fait verticalement dans les chambres mêmes. Chaque vantail reposait sur des chantiers en bois formant doubles coins qui le tenaient à 0,10 au-dessus de sa position ultérieure définitive, et il était éloigné des chardonnets de deux mètres environ, afin de réserver tout autour l'espace nécessaire pour le martelage et le rivage. La direction des vantaux, oblique par rapport aux bajoyers, était telle que, prolongée, elle correspondait avec le pivot.

Pour la mise en place, une double opération était donc nécessaire: une translation de 2 mètres et puis une descente de 9 à 10 centimètres afin d'emboîter la crapaudine. Aucune secousse ne devait se produire à cause de l'instabilité du vantail résultant de sa très-grande hauteur relative. Deux appareils, très-simples et très-économiques, ont été imaginés (voir la planche 3) et ils ont permis la mise en place de chaque vantail en quelques heures. Chacun était composé d'un rouleau en fer de 0,10 de diamètre, porté par deux paliers, tenus à distance invariable, dont les faces inférieures étaient inclinées de 21° avec l'horizontale. Le rouleau portait d'un côté une embase arrondie en forme de cordon qui, par sa pénétration dans une rainure droite fixée sur le côté aval du vantail, était destinée à maintenir la direction de la translation. Les deux paliers reposaient sur deux coins en fonte inclinés comme eux à 21°, mais deux fois plus longs, de façon qu'il a suffi de les écarter progressivement au moyen de vis et d'écrous de rappel pour produire la descente lente et insensible des rouleaux. Lorsque le premier vantail fut terminé sur ses chantiers en bois, ceux-ci furent décoincés et le vantail porta seulement sur les deux rouleaux des appareils. La translation horizontale s'effectua au moyen de crics, et puis quatre hommes tournèrent ensemble et uniformément les écrous des coins en fonte, jusqu'à ce que le vantail fût descendu sur son pivot. Pour terminer l'opération de mise en place, on ferma le collier supérieur et les deux appareils devinrent libres pour servir au deuxième vantail.

Poids et volume d'un vantail.

Je ne vais considérer que la coque en fer surmontée de sa passerelle, puisque le bois, en très-petit volume, ne diffère pas beaucoup de poids avec le volume d'eau qu'il déplace. Un vantail pèse 68 tonnes, non compris les pièces accessoires fixées dans les maçonneries. D'autre part, le volume des deux chambres à air toujours immergées dans les marées de morte eau est de 62m,40, correspondant à un allégement de 64 tonnes. Dans ces conditions la charge sur le pivot et la roulette n'est que de 4 tonnes, soit 5 tonnes environ, si l'on compte la couche d'eau qui reste sur le pont étanche et qui n'a pas pu trouver son écoulement, à cause de la saillie de la branche verticale des cornières sur l'âme horizontale de l'entretoise.

La mer communique librement, par trois ouvertures, avec la chambre à eau supérieure, qui se remplit par conséquent au fur et à mesure que le flot monte, de même qu'elle se vide d'elle-même, à la marée descendante. Cette très-heureuse disposition a pour grand avantage de conserver sur le pivot et la roulette une charge constante de 4 à 5 tonnes dans les conditions ordinaires, soit en vives-eaux, soit en mortes-eaux; il en résulte une manœuvre très-facile et les pièces en mouvement ne subissent pas d'usure sensible.

En cas de ressac, on peut charger les portes en faisant entrer dans les chambres à air la quantité d'eau que l'on juge convenable et que l'on remonte ensuite, au moyen d'une pompe, sur le pont étanche de la chambre à eau.

État des dépenses (rabais déduit) y compris les dépenses en régie pour le bois de greenheart.

DÉSIGNATION.	QUANTITÉS.	SOMMES.
Fers de toute nature..................	kil. 136.000	fr. 108.000
Acier..............................	630	2.250
Bronze.............................	460	2.200
Fonte..........................	8.000	3.100
Plomb pour scellements...............	1.950	1.450
Bois de greenheart.........	4m,73	5.700
Bois de chêne........................	1 ,00	300
Caoutchouc...........................	25k	350
Peintures à trois couches.	1.600mq	1.650
Total pour les deux vantaux busqués.	....	125.000

Nota. — Voir le revient des valets et des appareils de manœuvre au compte précédent des portes d'amont.

Comparaison de la dépense pour les portes d'aval et d'amont.

On peut compter que les roulettes avec leurs accessoires et leur chemin en fonte entrent pour une somme de 13 à 14,000 francs, dans le prix ci-dessus de 125,000 francs. Si les portes d'amont avaient été en fer, cette somme aurait pu être économisée, puisqu'elles ne subissent pas l'action du ressac et qu'elles ne doivent pas être manœuvrées à toutes hauteurs d'eau. Dans ces conditions, des vantaux en fer auraient pu être établis sans roulettes, puisqu'ils sont plus légers que les vantaux en bois et puisque, d'autre part, les deux bordages en tôle constituent des écharpes autrement puissantes que celles des portes en bois.

Par conséquent, si je compare le prix de celles-ci avec celui des portes en fer sans roulettes, je ne trouve qu'une différence de 8,000 francs, largement compensée par les avantages que j'ai signalés plus haut, et ainsi la grande économie résultant d'une plus longue durée restera presque entière en faveur des portes métalliques.

En résumé, les portes en fer de Boulogne me paraissent constituer le meilleur type des portes d'écluse existantes; elles ont été étudiées avec le plus grand soin par MM. Legros et Leblanc, ingénieurs des ponts et chaussées, qui, tout en profitant des perfectionnements apportés en Angleterre, à Tyne-Docks, en ont introduit de nouveaux fort remarquables, parmi lesquels se place en première ligne l'équidistance des entretoises horizontales, qui a pour effet de rendre les compartiments plus hauts et par conséquent plus faciles à visiter et à entretenir. De plus, le nombre des pièces semblables est aussi grand que possible et cela constitue une condition économique pour les constructions en fer.

CHAPITRE IV.

DESCRIPTION DE QUELQUES PORTES D'ÉCLUSE ANGLAISES.

Portes en bois en général.

§ **22.** — L'ancien type des portes anglaises était le même que celui que j'ai indiqué plus haut pour les portes primitivement construites en France; mais, dès que la largeur des écluses fut augmentée pour pouvoir donner un libre passage aux bateaux à roues, on ressentit, en Angleterre, la nécessité de trouver un système qui permît d'employer des bois de dimensions courantes. C'était d'autant plus utile d'ailleurs qu'on avait reconnu la supériorité de certaines essences étrangères, comme le greenheart, dont les dimensions commerciales n'avaient pas augmenté suffisamment pour faire face à l'élargissement des portes d'écluse.

On adopta alors, dans plusieurs cas, des portes dites *polygonales*, dans lesquelles les entretoises horizontales constituaient des espèces de fermes dont les pièces étaient interrompues par l'interposition de un ou plusieurs montants verticaux, de façon à présenter plusieurs panneaux juxtaposés et reliés par des armatures en fer. La face amont de ces portes était donc composée d'une série de surfaces planes faisant ensemble des angles très-ouverts. Aujourd'hui les portes polygonales sont *courbes*, du moins du côté de la retenue, de telle façon que les deux vantaux fermés forment, à l'amont, une seule surface cylindrique, tandis qu'à l'aval les deux arcs ou les deux périmètres polygonaux ne se confondent pas.

La flèche de l'arc moyen du vantail est très-variable : généralement comprise entre le 1/10 et le 1/15 de la corde, elle dépasse parfois ces deux limites ordinaires; les deux rayons de courbure sont déterminés avec soin afin d'obtenir une épaisseur convenable aux trois points principaux du vantail, le poteau-tourillon, le milieu et le poteau busqué. Ces trois épaisseurs sont, en moyenne, dans les proportions suivantes pour les portes en bois : 7 à 8 pour le milieu, 6 au tourillon, 4 1/2 à l'extrémité du poteau busqué. Evidemment ces chiffres n'ont rien d'absolu. La flèche donnée au busc est considérable. Le rapport entre l'ouverture et cette flèche varie entre 3 et 5, tandis qu'en France ce rapport est de 5 environ.

Les ingénieurs anglais attachent de grands avantages aux *portes cylindriques;* elles ont été généralement reconnues comme beaucoup plus économiques, malgré la main-d'œuvre supplémentaire qu'elles exigent, parce que, d'une part, elles permettent l'emploi de bois courants et que, d'autre part, leur forme est, comme résistance, plus rationnelle que celle des portes droites ou seulement cintrées à l'amont; de plus la fermeture et l'étanchéité au poteau busqué paraissent mieux assurées. Mais, par contre, elles ont l'inconvénient de nécessiter des buscs courbes qui sont plus coûteux et plus difficiles, et aussi de ne pas pouvoir être suspendues par des écharpes.

Je crois intéressant de donner ici un tableau de comparaison qui a été produit à l'Institut des ingénieurs civils de Londres, dans sa séance du 19 avril 1859. L'auteur de la note, M. Kinsbury, se basant sur la théorie du professeur Barlow, est arrivé aux chiffres suivants; mais je m'empresse d'ajouter que, les considérations théoriques, invoquées par cet ingénieur, n'étant ni aussi exactes, ni aussi complètes que celles présentées plus récemment, il n'y a pas lieu de tenir ces chiffres comme exacts, mais seulement comme exprimant avec une certaine approximation des données comparatives plus ou moins confirmées par la pratique :

RAPPORT de la flèche à l'ouverture.	ANGLE vertical.	EFFORT transversal sur le centre.	EFFORT de compression dû au vantail opposé.	PORTES DROITES.		PORTES CYLINDRIQUES.	
				Section du milieu.	Quantités de matériaux.	Section du milieu.	Quantités de matériaux.
1 à 10	157°,22	69,32	102,0	29,6	1207	26,0	1066
9	154,58	69,94	92,3	28,4	1164	23,6	975
8	151,26	70,82	82,5	27,25	1123	21,25	885
7	148,10	72,08	72,9	26,25	1092	19,0	801
6	143,80	74,06	63,3	25,3	1069	16,66	715
5	136,24	77,32	53,8	24,8	1011	14,5	640
4	126,52	83,33	44,7	24,9	1117	12,5	580
3	112,38	96,27	36,0	26,0	1250	10,8	552
2,66	106,16	104,15	33,3	28,0	1400	10,4	558

Les poteaux sont en chêne ou en greenheart; dans ce dernier cas, leur section fait voir plusieurs morceaux assemblés sur toute leur longueur au moyen de clefs rectangulaires, également en greenheart, de manière à ne constituer qu'une seule pièce. La pratique a démontré que cette disposition procurait toute la résistance voulue. Les poteaux busqués, de section beaucoup plus faible, sont tirés généralement d'une seule pièce. Quant aux entretoises, elles sont, soit en chêne, soit en pin d'Amérique résineux qui, tout en se conservant assez bien à la mer, a l'avantage d'être très-léger, soit enfin en greenheart comme dans les ports de la Mersey, en raison de sa conservation pour ainsi dire indéfinie à l'eau de mer. Toutes les portes anglaises sont établies sur roulettes munies d'appareils de réglage.

Le *prix de revient* des portes en bois en Angleterre, pour des largeurs entre bajoyers variant entre 50 et 70 pieds (15 à 21 mètres), est compris entre 13 et 26 shillings le pied carré de vantail, ce qui équivaut à un prix de 175 à 350 francs le mètre carré, suivant que la largeur de l'ouverture et la hauteur d'eau supportée sont plus ou moins grandes.

Portes des docks Grimsby, sur la rivière Humber.

(Voir les coupes de la planche 2.)

§ 23. — Je vais faire connaître succinctement ces portes en bois, construites en 1848, parce qu'elles sont d'un système tout particulier. Elles sont *droites*, et leurs entretoises d'une seule pièce sont armées par des tirants en fer.

L'entrée des docks se compose de deux écluses, l'une de 70 pieds d'ouverture et de 300 pieds de longueur, et l'autre, accolée à la première, n'a que 45 pieds sur 200. Je ne m'occupe que des portes de retenue doubles faisant le service de la grande écluse. La plus grande différence de niveau, en marées d'équinoxe, est de 23 pieds, c'est-à-dire 7 mètres. L'ingénieur avait préparé un projet et des devis pour faire les portes en fer; mais les grosses pièces de chêne nécessaires purent être trouvées à très-bon marché, et on adopta les portes en bois qui sont, à proprement parler, des portes mixtes. En effet, chacun des deux montants verticaux d'aval, faisant une saillie de 0,30, a été garni de six sabots-embrasses en fonte recevant les six tringles de tension formant *poutres armées* avec les entretoises horizontales. Chaque tirant est composé de trois pièces : l'une, celle du milieu en fer plat 45 × 38, est terminée par une fourche à chaque extrémité, et les deux autres, latérales, sont en fer rond de 51 millimètres avec tête à œil d'un côté et avec un fort écrou à six pans à l'autre bout, logé dans une entaille pratiquée derrière chaque poteau. Afin de soulager les tenons des entretoises, les faces intérieures des poteaux présentent un hors d'équerre de 57 millimètres qui constitue un appui des entretoises pressées horizontalement. De plus, une autre précaution a été prise : elle a consisté à garnir les poteaux entre chaque entretoise de tasseaux en bois en forme de coins, de manière qu'ils restent appliqués contre les poteaux pour soulager les assemblages.

Les bordages en chêne posés à l'amont ont trois pouces d'épaisseur, et s'engagent dans des feuillures ménagées dans les entretoises et les poteaux; des ferrures à branches plates 125 × 25, encastrées dans les bois, réunissent les poteaux avec les entretoises. Les bordages, pièces verticales et ferrures sont assemblés par des boulons galvanisés. Les portes furent d'abord posées sur une roulette fixée en porte à faux sur l'amont du vantail; mais celui-ci, sous l'effet de la réaction, subit une déformation telle, qu'on dut rapporter à l'aval une autre roulette, afin de ramener l'effort vers le centre du vantail; il en résulta l'obligation de loger cette roulette dans une boîte en fonte encastrée dans le busc, et de munir cette dernière d'une valve spéciale pour empêcher l'introduction de matières étrangères. Le pivot et la crapaudine du poteau sont en fonte. Le goujon a 0,23 de diamètre, et dans le fond de la crapaudine on a placé une lentille en bronze convexe.

Le prix d'une paire de portes de 70 pieds d'ouverture a été de 2,300 livres sterling, c'est-à-dire 57,500 francs, non compris les roulettes et les mécanismes qui les mettent en mouvement et qui ont été installés par W. G. Armstrong, d'après son système hydraulique. C'est la *première application* qui en a été faite pour la manœuvre des portes d'écluse. L'ouverture se faisant en deux minutes et demie, deux hommes suffisent pour les quatre paires de portes; mais néanmoins il ne doit pas y avoir économie sur les treuils, en raison du prix très-élevé qu'a coûté l'établissement du système hydraulique, spécialement installé pour le service des écluses.

Il est à remarquer que, aux docks du grand Grimsby, les *bois créosotés* ont parfaitement résisté; on les a constatés parfaitement sains en 1864, tandis que des bois non créosotés, de 0,35 d'équarrissage, étaient usés à moitié.

Voici *quelques dimensions principales:*

Largeur de l'ouverture entre bajoyers (70 pieds). . . .	21m,35	201,75
Hauteur du vantail, au-dessus de la pointe du busc. .	9 ,45	
Longueur du vantail, du dehors au dehors.	12 ,81	
Hauteur du vantail (32 pieds)	9 ,76	
Hauteur au-dessus du busc des basses vives eaux ordinaires.	1 ,82	
Hauteur au-dessus du busc des hautes vives eaux ordinaires.	7 ,77	
Epaisseur du vantail en son milieu (non compris les tirants).	0 ,585	
Epaisseur du vantail au poteau-tourillon.	0 ,61	
Epaisseur du vantail au poteau busqué.	0 ,56	
Saillie du busc (18 pouces).	0 ,45	
Largeur du contact des deux vantaux (10 pouces). . .	0 ,254	

Un vantail complet pèse 75 tonnes; le cube des bois entrant dans sa construction est environ de 62 mètres cubes.

Y compris les roulettes et leur chemin, le prix d'une paire de grandes portes s'élève à 65,000 francs.

Portes en bois de la Mersey.

§ **24.** — Depuis une vingtaine d'années toutes les portes d'écluse importantes de la rivière Mersey, à Liverpool et à Birkenhead, sont construites d'après le système adopté par M. Hartley. Les bons services qu'elles ont toujours rendus et le parfait état dans lequel se trouvent encore aujourd'hui les bois de greenheart les plus anciennement employés, ont engagé M. G.-T. Lyster, ingénieur en chef des docks de la Mersey, à continuer l'application du système de son prédécesseur. Il consiste essentiellement dans l'emploi exclusif du *bois de greenheart*, en dimensions relativement faibles.

A cet effet, chaque vantail est composé de plusieurs vantaux complétement encadrés, ayant chacun, par conséquent, leurs poteaux et leurs entretoises. Ces vantaux partiels, ou *panneaux-voussoirs*, sont juxtaposés avec redans sur la hauteur des demi-pièces verticales, puis assemblés entre eux, tant au moyen de ferrures et de boulons que d'entraits en bois disposés à l'aval, d'une seule longueur, depuis le poteau-tourillon jusqu'au poteau busqué.

Le vantail est courbe à l'amont, polygonal à l'aval, et d'épaisseur variable. La retenue d'eau est faite par des madriers verticaux de 7 à 8 centimètres d'épaisseur, toujours en greenheart, allant d'une entretoise à l'autre dans des feuillures longitudinales.

Les buscs sont courbes et en maçonnerie; leur flèche est égale au cinquième environ de la largeur entre bajoyers.

Voici une description exacte et complète des grandes portes de Canada-Docks à Liverpool.

Grandes portes d'ebbe, en bois de Greenheart, de Canada-Docks.

(Voir les figures de la planche 4.)

§ **25.** — Construites en 1857, ces portes présentent, entre bajoyers, 100 pieds anglais, c'est-à-dire 30,50 d'ouverture. Elles sont doubles, et espacées de façon à former un sas de 150 mètres environ. L'écluse est munie à l'aval d'une paire de portes de flot qui peut la convertir momentanément en une forme de visite. Les enclaves sont cintrées comme les portes, et leur plus grande profondeur est environ de 2,30. Le busc découvre de 0,25 à 0,30 en basses mers de vives eaux de printemps et d'environ 0,80 en grandes marées ordinaires d'équinoxe. Cependant les buscs de Canada-Docks sont plus bas que ceux de toutes les autres écluses de Liverpool. Il y aurait un inconvénient à descendre davantage les buscs, parce qu'ils pourraient être envahis et recouverts par des sables fins que la Mersey dépose fréquemment, tandis que, dans l'état actuel des choses, les radiers des chambres peuvent être facilement nettoyés en vives eaux. La pointe du busc est à 5,80 de distance d'une ligne normale aux bajoyers, passant par les centres des deux pivots.

Chaque vantail est formé de *quatre panneaux* ayant à peu près la même largeur, c'est-à-dire que, entre les poteaux-tourillon et busqué, se trouvent trois poteaux intermédiaires, sensiblement équidistants. La hauteur total d'un vantail est de 10,85; mais, à la partie supérieure, existe une travée sans bordages qui réduit à 9,03 la partie formant retenue. Les bordages existent à l'amont seulement, et ils ont 7 à 8 centimètres d'épaisseur.

Entretoises. — Six cours d'entretoises horizontales, inégalement espacées et de dimensions variables, réunissent les poteaux entre eux. Les hauteurs des parties pleines et vides sont les suivantes :

1re Entretoise (inférieure) formée de 12 pièces.	6 en hauteur. 2 sur l'épaisseur.	2m,267
Vide dans lequel se trouvent les ventelles.		0 ,433
2me Entretoise formée de 8 pièces.	4 en hauteur. 2 sur l'épaisseur.	1 ,330
Vide avec bordages.		0 ,583
3me Entretoise formée de 6 pièces.	3 en hauteur. 2 sur l'épaisseur.	0 ,870
Vide avec bordages.		0 ,927
4me Entretoise formée de 4 pièces.	2 en hauteur. 2 sur l'épaisseur.	0 ,700
Vide avec bordages.		1 ,340
5me Entretoise formée de 4 pièces.	2 en hauteur. 2 sur l'épaisseur.	0 ,580
Hauteur de la partie formant retenue.		9 ,03
Vide au-dessus sans bordages.		1, 49
6me Entretoise (supérieure) en une seule pièce.		0 ,33
Hauteur totale du vantail.		10 ,85

Chaque cours d'entretoises est renforcé à l'aval par un entrait d'une seule longueur qui s'applique contre la face polygonale du vantail, jusque dans le voisinage des poteaux extrêmes. Ces six entraits ont, en leur milieu, une épaisseur horizontale de 0,38 qui diminue jusqu'à peu près la moitié, vers les extrémités. La hauteur de ces pièces-renforts est égale à 0,55 pour les deux premières entretoises, puis elle se réduit à 0,45 pour les autres, à l'exception, toutefois, de la dernière qui a la même hauteur que l'entretoise supérieure, c'est-à-dire 0,33. La grosse pièce horizontale du bas porte, en outre de son entrait, une fourrure de 0,45 de hauteur affleurant la partie inférieure, de façon à se trouver en contact avec une fourrure, également en bois de greenheart, dont est garni l'arête du busc, courbe sous un rayon de 35 mètres environ.

Maintenant, si j'examine une coupe horizontale du vantail dans sa partie basse, je trouve les épaisseurs suivantes :

Au droit du poteau-tourillon	(2 pieds,	4 pouces)		=	$0^m,71$
Au droit du premier poteau intermédiaire.	2 —	5	—	=	0 ,735
Au droit du deuxième poteau intermédiaire (milieu du vantail).	2 —	2	—	=	0 ,66
Au droit du troisième poteau intermédiaire.	2 —	2	—	=	0 ,66
Au droit du poteau busqué. .	1 —	8 1/2	—	=	0 ,52

La face amont du vantail est verticale sur toute la hauteur de la retenue et cylindrique sous un rayon de $29^m,40$; autrement dit, la corde qui joint à l'amont l'extrémité du diamètre du poteau-tourillon avec l'arête du poteau busqué étant de $17^m,10$, la flèche de l'arc est de $1^m,27$. A l'aval, les trois poteaux intermédiaires et le poteau busqué diminuent d'épaisseur à partir de la troisième entretoise pour arriver à la partie supérieure aux dimensions suivantes :

Epaisseur en haut du premier poteau intermédiaire	(1 pied,	9 pouces		1/2)	=	$0^m,55$
Epaisseur en haut du deuxième poteau intermédiaire.	1 —	7	—	1/2	=	0 ,50
Epaisseur en haut du troisième poteau intermédiaire. . . .	1 —	5	—	1/2	=	0 ,45
Epaisseur du poteau busqué.	1 —	2	—	1/4	=	0 ,36

Les entretoises horizontales, cintrées à l'amont, sont droites à l'aval entre les poteaux avec lesquels elles affleurent. Il résulte de cette diminution d'épaisseur vers la partie supérieure que le rayon de courbure, de $29^m,40$ en bas, atteint en haut environ 38 mètres, par suite de l'aplatissement du vantail.

Poteau-tourillon. — Son diamètre ou épaisseur, ainsi que la largeur, sont de $0^m,71$; en hauteur, il mesure environ 11,35, puisqu'il dépasse de 0,25 les deux entretoises extrêmes. Son tourillon supérieur a 0,58 de diamètre, et il est coiffé d'un chapeau en fonte avec patin et un mamelon de 0,68 de diamètre extérieur sur lequel le collier en fer vient s'appuyer. Le chapeau est consolidé par deux nervures diamétrales et perpendiculaires. En bas, le poteau est garni d'une crapaudine en bronze.

La coupe horizontale montre qu'il est formé de *quatre pièces*, deux rectangulaires et deux en forme de quart de cercle, toutes inégales de manière à croiser les joints. L'assemblage de ces quatre pièces est fait d'abord par *trois clefs* rectangulaires en greenheart de 5 à 6 centimètres de côté, remplissant chacune exactement deux rainures ménagées sur toute la hauteur dans les deux pièces voisines, et puis l'assemblage est complété par *trois systèmes de boulons*.

Les uns, de 38 millimètres de grosseur (1 pouce 1/2) réunissent les deux pièces rectangulaires et servent en même temps à l'assemblage des grosses ferrures plates encastrées dans les bois à l'amont et à l'aval. Les autres, formant deux séries, dirigés suivant la longueur du vantail et assez rapprochés de ses deux faces, serrent chaque pièce rectangulaire avec le quart de cercle voisin. Les têtes et écrous sont noyés dans les bois. Enfin, le troisième groupe des boulons (diamètre 51 millimètres) serre les entretoises horizontales contre le poteau. A cet effet, un trou a été percé en bout de chaque partie d'entretoise sur une profondeur d'environ 0,60, et le boulon, après emmanchement, a été retenu par une espèce de clavette passée par une entaille transversale. La partie saillante du boulon est garni d'un écrou également noyé derrière le poteau. La face du poteau qui reçoit les entretoises est taillée en redans formant embrèvements, et l'assemblage des pièces horizontales est renforcé par des repaisses placées contre le poteau dans les vides que présentent les entretoises.

Poteau busqué. — Il est d'une seule pièce. Une section faite en un point quelconque de la moitié inférieure de sa hauteur présente un carré de 0,52 de côté, dont l'arête d'amont a été abattue de façon à réduire à 0,20 ou 0,22 sa *largeur de contact* à l'aval, avec le vantail opposé. A sa partie supérieure, l'épaisseur du poteau est réduite à 0,36, tandis que sa largeur est restée constante. Il est coiffé par une frette présentant des crans en creux du côté de l'extrémité, afin de pouvoir, au moment de la fermeture des vantaux, introduire une pince pour amener exactement en face les deux poteaux en contact. En bas, la frette est en bronze. L'assemblage du poteau busqué avec les entretoises se fait comme au poteau-tourillon. Les grosses ferrures encastrées sont semblables et maintenues aussi par des boulons de 38 millimètres de diamètre.

Poteaux intermédiaires. — Ils sont formés de deux demi-poteaux assemblés avec les pièces horizontales, comme je l'ai expliqué plus haut. Chaque demi-poteau est lui-même en deux pièces rectangulaires. Au moment de l'assemblage des quatre grandes parties des vantaux, les demi-poteaux intermédiaires sont juxtaposés ensemble et les huit redans qui ont été ménagés sur leur hauteur assurent leur liaison dans le sens vertical. Des ferrures encastrées à l'amont et à l'aval s'opposent à l'écartement des deux moitiés, par la forme spéciale qui leur a été donnée et par les deux boulons qui les retiennent. Ainsi composés, les poteaux intermédiaires ont les largeurs suivantes, sur toute leur hauteur de 11^{m},15.

Poteau près du tourillon.	largeur	0 ,68
Poteau du milieu.	—	0 ,66
Poteau près du busqué.	—	0 ,61

Je ne répéterai pas les épaisseurs qui sont variables et que j'ai indiquées plus haut. Ces trois poteaux sont frettés en fonte à la partie supérieure, et en bronze dans la partie basse.

Ferrures principales. — J'ai déjà parlé des grosses ferrures encastrées qui relient les poteaux extrêmes avec les entretoises. Elles sont en fer de 150 à 160 de largeur sur environ 0,03 d'épaisseur. Sur la première entretoise, la ferrure porte trois branches horizontales réunies avec de forts congés par une branche verticale. Au-dessus, il n'y a plus que deux branches horizontales et la ferrure présente la forme d'un U couché. Au droit des autres entretoises, elle prend la forme d'un ⊢ . Toutes les branches horizontales portent quatre trous renflés dont le pourtour extérieur est ajusté de façon à faire assemblage par son seul encastrement dans le bois. A l'amont du vantail et en face des cinq entretoises formant retenue, de grandes plates-bandes en fer de 0,16 à 0,12 de largeur, sont assemblées avec les entraits d'aval par des boulons de 51 millimètres. Les différentes pièces qui composent une entretoise sont réunies par des boulons horizontaux et verticaux de 38 millimètres de grosseur.

Les manettes sur lesquelles s'accrochent les chaînes de manœuvre sont à 1,40 au-dessus du busc et aussi à 1,40 de l'extrémité du vantail, c'est-à-dire dans un point très-rapproché de plusieurs ferrures de consolidation.

Roulettes. — Chaque vantail est porté par deux roulettes montées sur grandes chapes à fourche et placées, l'une à 7,16 de distance du pivot et l'autre à une distance double, c'est-à-dire 14,32. Leur largeur est de 0,30 ; mais leur diamètre est différent. La plus éloignée du centre de rotation a environ 0,96 de diamètre et l'autre 0,84. Le radier des chambres est à 0,99 en contre-bas de l'arête du busc ; il présente au droit du pivot et des roulettes des surélévations raccordées de chaque côté par des plans inclinés, pour mettre le plus possible les organes mobiles de la porte à l'abri de l'envahissement des sables. Ainsi, l'emplacement du pivot est surélevé de 0,37 ; les chemins des roulettes sont posés sur des mamelons dont la hauteur, additionnée avec celle des rails en fonte, est aussi égale à 0,37. Il en résulte que les essieux sont un peu au-dessus de la face inférieure du vantail et que celui-ci se trouve entaillé pour donner passage aux roulettes. Celles-ci sont placées un peu vers l'amont afin de diminuer la profondeur d'entaille et de pouvoir remonter la queue des chapes contre la face du vantail, jusque dans une boîte garnie de deux clavettes de réglage et située en hauteur entre la première et la deuxième entretoise.

Les chemins des roulettes ont une forme spéciale. Entre la face supérieure (0,33 de largeur) et le patin (0,84 de largeur) existe une série de vides communiquant avec le dessus du chemin, de façon à permettre la chute des sables sur des plans inclinés qui les rejettent hors des segments de fonte.

Ventelles. — Chaque vantail en porte deux au droit du vide de 0,43 que présentent entre elles les deux entretoises les plus basses. Leur largeur est de 1,52 (5 pieds). Elles sont en fonte avec portées fixes en bronze. Les tiges de relevage sont doubles jusqu'au-dessus du vantail proprement dit où elles sont réunies par une pièce manœuvrée elle-même par un verrin.

Pièces verticales formant défenses à l'aval. — La concavité que présente la face aval des vantaux les met à l'abri des frottements résultant du passage des navires. Néanmoins, pour plus de sécurité, des pièces verticales, allant d'un entrait à l'autre, ont été posées devant les poteaux intermédiaires. Ces pièces, de section à peu près carrée, sont quelquefois en sapin, puisqu'elles n'entrent pour rien dans la résistance et que d'ailleurs elles n'ont pas besoin d'exister dans le tiers inférieur du vantail.

Passerelle. — Le passage est à 0,15, à 0,18 au-dessus des bajoyers avec une largeur de 1,30 sur toute la longueur du vantail. Des chaises en fonte posées sur la traverse supérieure supportent la passerelle de distance en distance. Elle est munie de deux garde-corps formés chacun de dix montants en fer réunis entre eux par un rang de chaînettes à la partie supérieure et un autre à mi-hauteur. Chaque chaînette tient à un montant par un piton fermé et se fixe au voisin par un crochet. Les montants reposent simplement par de larges embases sur des petites crapaudines dans lesquelles un goujon inférieur pénètre profondément. Il résulte de cette disposition, qui est partout employée dans les docks de la Mersey, une très-grande facilité pour le démontage et le remontage.

Manœuvre des portes. — Elle est faite par le système à pression hydraulique (voir les figures de la planche 4). L'accumulateur, placé dans une tour voisine des portes, distribue la force motrice à tous les engins de Canada-Docks, et il est alimenté par des machines à vapeur. La manœuvre des portes, par l'accumulateur, se fait en trois minutes avec un homme de chaque côté. On peut aussi appliquer à l'appareil de manœuvre une pompe à main mise en mouvement par huit hommes qui font l'ouverture ou la fermeture d'un vantail en quinze minutes.

Voici les dimensions d'un *accumulateur* récemment installé à Birkenhead, dont on trouvera un dessin à la planche n° 4.

Diamètre intérieur du cylindre vertical	0m,585
Hauteur d'eau dans ce cylindre.	4 ,90
Diamètre du piston plongeur.	0 ,43
Diamètre de la cloche fixée sur le dessus du piston.	3 ,66
Hauteur de cette cloche mobile.	5 ,20
Poids de cette cloche mobile (piston compris).	90 tonnes.

Le rapport de cette charge avec la section du piston (1450 centimètres carrés) donne une pression d'environ soixante atmosphères.

La *machine à pression hydraulique* employée par M. W.-G. Armstrong à la manœuvre des portes de Canada-Docks est décrite dans les procès-verbaux (1858) de l'institut des ingénieurs mécaniciens de Newcastle-on-Tyne. Nous en avons extrait les deux dessins qui figurent à la planche 4.

Chaque machine se compose de deux cylindres horizontaux distincts, A et B, à simple effet, l'un étant destiné à l'ouverture et l'autre à la fermeture d'un des deux vantaux. L'admission de l'eau dans le cylindre A se fait par le tuyau T, et une valve E, manœuvrée par la manivelle M. Le même mouvement de cette manivelle ouvre la valve de sortie de l'autre cylindre, et le mouvement inverse donne l'admission au cylindre B et ouvre la valve de sortie S du cylindre A qui se vide par le tuyau V.

La pression hydraulique met en mouvement un piston dont la tête porte deux poulies qui correspondent avec des poulies semblables fixées à l'extrémité opposée du cylindre, de façon à former une moufle horizontale. La sortie du piston, limitée par l'arrêt C, met en mouvement les chaînes de la moufle, dont le brin extrême descend dans un puits vertical pour correspondre au vantail, et, après la manœuvre, le piston rentre dans son cylindre, par l'effet d'un contre-poids P accroché à la chaîne dans sa partie verticale,

Tout l'appareil se trouve placé dans une chambre en dessous du sol, et dans le voisinage du bajoyer.

Mentionnons encore les *pompes* qui sont mises en mouvement par les machines à vapeur et qui alimentent, chacune, l'accumulateur d'une façon continue et uniforme. A cet effet, le piston de la pompe a une tige dont la section est égale à la moitié de celle du cylindre. Il résulte de la disposition particulière donnée à la pompe que, à chaque coup de piston, soit en avant, soit en arrière, l'eau est refoulée dans l'accumulateur, d'une même quantité qui est fonction de la demi-section du cylindre.

Tableau des hauteurs d'eau dans les chambres des portes.

Hauteur au-dessus du busc, des hautes mers de vives eaux de printemps.	$8^m,10$	$8^m,38$
Hauteur au-dessous du busc, des basses mers de vives eaux de printemps.	0 ,28	
Hauteur au-dessus du busc, des hautes mers ordinaires d'équinoxe.	8 ,79	$9^m,58$
Hauteur au-dessous du busc, des basses mers ordinaires d'équinoxe.	0 ,79	
Hauteur au-dessus du busc, des marées de mortes eaux ordinaires.	5 ,90	

Poids et volume d'un vantail.

Le poids de la partie mobile d'un vantail se décompose exactement de la façon suivante :

Bois de greenheart	113 tonnes anglaises	=	$114,800^k$
Fer forgé	9^t, 6 quintaux	=	9,500
Collier et chapeau du haut du poteau	14 quintaux	=	700
Pièces pour roulettes, chapes, plates-bandes, vannes, passerelle et garde-corps.	12^t	=	12,200
Poids total	135 tonnes anglaises	=	$137,200^k$

Or le poids du greenheart mouillé pèse de 70 à 72 livres anglaises le pied cubique, qui correspondent à 1120, à 1150 kilog. le mètre cube. — D'où il résulte que le cube du bois employé dans un vantail est $\frac{114,800}{114} = 100$ mètres cubes en chiffre rond.

En faisant les calculs volumétriques des différentes pièces de greenheart, on arrive au résultat suivant, qui vérifie les chiffres ci-dessus :

	mc.
6 Séries d'entretoises horizontales	59,00
7 Entraits	9,50
1 Poteau-tourillon ; section 0,45 ; longueur $11^m,35$	5,10
1 Poteau busqué ; section 0,25 ; longueur $11^m,25$	2,80
1er Poteau intermédiaire ; section moyenne 0,47 ; longueur 11,15	5,25
2e Poteau intermédiaire ; section moyenne 0,40 ; longueur $11^m,15$	4,45
3e Poteau intermédiaire ; section moyenne 0,36 ; longueur 11,15	4,00
Bordages d'amont	4,40
3 Séries de pièces verticales entre entraits, passerelle, etc.	4,00
1 Fourrure sur l'arête du busc ; section 0,06	1,05
Cube du greenheart	99,55

De même, si on établit le devis des pièces métalliques, on trouve les poids approximatifs, savoir :

20	grandes ferrures des poteaux extrêmes et manettes d'accrochage.	2,200 kil.
48	ferrures de liaison des poteaux intermédiaires.	600
760	boulons divers.	7,000
5	plates-bandes d'amont	2,500
2	roulettes et leurs accessoires	5,500
	Collier et chapeau du haut du poteau-tourillon	700
4	frettes en fonte du haut des autres poteaux	250
4	frettes en bronze du bas des autres poteaux.	250
2	vannes et leurs tiges de manœuvre, guides, etc.	2,800
	Pièces pour passerelles et garde-corps.	1,200
	Poids total	23,000

Le *volume* total du vantail peut donc être pris égal à 103 mètres cubes. Dans les conditions ordinaires, la partie immergée correspond au niveau de la partie supérieure de la 4e entretoise, et son volume est de 81 mètres cubes environ, qui correspondent à un allégement de 83,200 kil.— D'où il résulte que la charge qui pèse sur le pivot et sur les deux roulettes est égale à 54 tonnes; soit, en chiffre rond, 18 tonnes sur chaque roulette.

Prix d'une paire de portes.

En y comprenant les appareils de manœuvre avec la pompe à main, ainsi que les chemins des roulettes et autres pièces scellées dans les maçonneries, le prix d'une paire de portes est de livres 7,200, c'est-à-dire 180,000 francs, honoraires et frais d'administration déduits, généralement comptés à 10 p. 100.

Ce prix de 180,000 francs peut, sans grandes erreurs, être décomposé comme il suit :

DÉSIGNATION.	QUANTITÉS.	PRIX.	SOMMES.
		fr.	fr.
Bois de greenheart..................	100mc	600	60000
Ferrures du vantail.................	7270k	75	5450
Boulons du vantail..................	7000	50	3500
Fonte du vantail....................	8400	37 50	3200
Bronze du vantail...................	330	4 50	1500
Crapaudine et pivot.................	....	....	2000
Plaques et tirants dans les bajoyers......	....	....	600
2 chemins en fonte des roulettes........	25000	25	6250
Pour 1 vantail................................			82500
Pour l'autre semblable........................			82500
Prix des deux vantaux busqués..................			165000
Appareils de manœuvre avec chaînes, poulies, etc.............			15000
Somme égale..................................			180000

Tableau donnant le nombre d'entrées de docks ou d'écluses, munies d'une ou plusieurs paires de portes.

LARGEUR ENTRE BAJOYERS.	LIVERPOOL (1864)	BIRKENHEAD (1866)	TOTAUX pour les 2 ports.
30 pieds ou au-dessous......	7	3	10
40 pieds (12m,20)..........	9	»	9
45 pieds (13 ,72)..........	14	»	14
50 pieds (15 ,25)..........	10	6	16
60 pieds (18 ,30)..........	8	»	8
70 pieds (21 ,35)..........	5	2	7
80 pieds (24 ,40)..........	3	»	3
85 pieds (25 ,92)..........	»	1	1
100 pieds (30 ,50)..........	1	3	4
Totaux.............	57	15	72

Presque tous les portes au-dessus de 50 pieds sont construites sur le système qui vient d'être décrit.

Les grandes portes de 100 pieds sont les seules dont les vantaux portent 3 poteaux intermédiaires, constituant, avec les poteaux extrêmes, quatre travées verticales.

Les *portes de Birkenhead de* 85 *pieds* (écluse de Morpeth) sont à deux poteaux intermédiaires, c'est-à-dire que chaque vantail comprend trois travées. Le busc a été posé à 1m,30 en contre-bas de ceux de Canada-Docks. Un accident, survenu il y a quelques semaines à l'une des deux portes qui ferment l'écluse de Morpeth, mérite d'être signalé, parce qu'il démontre la solidité et l'élasticité des vantaux, et en même temps leur faible rigidité, quand ils ne sont pas busqués. L'un d'eux, abandonné à lui-même par mégarde au moment où le courant du bassin supérieur était très-fort, fut entraîné et poussé violemment sur le busc, où sa partie basse s'arrêta brusquement, tandis que le bout supérieur du poteau busqué s'avança, disent les témoins oculaires, de 10 à 12 pieds hors de sa verticale (la hauteur des vantaux est plus grande qu'à Canada-Docks de 2 à 3 pieds). Le vantail, gauchi un moment sous le choc, est revenu à sa position première et n'a pas cessé de bien fonctionner.

§ **26.** — Avant de parler des portes métalliques anglaises, je vais donner une *Nomenclature des gros bois de construction* (Timbers) employés en Angleterre, avec l'indication de leurs prix commerciaux actuels, sur les deux principaux marchés, Londres et Liverpool.

1° *Bois du Canada.*

	Prix en francs et en mètres cubes.	
Quebec-oak (Chêne) ou *white-oak* (quercus alba), bois assez facile à travailler, ordinairement sans défauts vicieux	116	à 131 fr.
Yellow-pine ou pin jaune. Il y en a plusieurs espèces, suivant les provenances et la quantité de résine. Le prix varie d'après les dimensions et la qualité entre	60	et 100
Red-pine ou pin rouge. Même observation que pour le yellow. Prix, en dimensions ordinaires	60	à 80
Prix en dimensions de choix, de 14 à 18 pouces	90	à 105

2° *Bois des États-Unis et d'autres contrées non européennes.*

Pitch-pine ou pin résineux des États-Unis, très-durable. Dans certains districts en Amérique, ce bois prend aussi le nom de yellow-pine et de red-pine	65	à 75 fr.
Greenheart de Demerara (Guyane anglaise). C'est le Laurus chloroxylon des botanistes. On en trouvera également dans la Jamaïque et dans le Brésil. On distingue le noir et le jaune. — Prix, en dimensions ordinaires	130	à 150
Prix en dimensions de choix, 14 à 22 pouces et jusqu'à 60 pieds[1]..	175	à 200

1. Le greenheart de Demerara, importé en Angleterre, est de couleur jaune brun foncé, à grains serrés et polis, pleins de pores extrêmement petits. Les couches concentriques sont à peine visibles et la proportion d'aubier est considérable.

Ce bois, très-dur et flexible, est le plus résistant des bois actuellement en usage. Essayé

Teak, bois des Indes orientales : le plus estimé est celui du Malabar, sur la côte ouest des montagnes Ghant; de bonnes espèces sont aussi fournies par Java, Ceylan et le Moulmein. Ce bois est fort et durable, quoique léger et poreux. Il conserve très-bien sa position en longueur et se déforme très-peu. Sa couleur est brun clair. Le meilleur est celui qui contient le plus de matière huileuse. Il contient aussi une assez grande quantité de matière siliceuse qui use rapidement les outils avec lesquels on le travaille. C'est le bois le plus estimé en Angleterre pour les constructions navales. — Prix . . . . 215 à 230 fr.

Le mètre cube pèse 740 à 860 kilogrammes.

Oak-african, appelé aussi teak africain, sans être de la même espèce que le indian-teak . . . . 140 à 160

3° *Bois européens.*

Sapins de Riga, rouge	58,50 à 70
— de Dantzick, ordinaire.	52 à 65
— de Dantzick, de choix.	70 à 75
— de Memel, ordinaire	52 à 68
— de Memel, de choix.	72,50 à 75
— de Suède.	52 à 55
— de Norwége	35 à 45
Chêne de Stettin	100 à 110

Les prix ci-dessus, donnés en francs et au mètre cube, se rapportent à d'assez grandes quantités prises à quai; ce sont des prix de commerce en gros, auxquels il conviendrait d'ajouter les honoraires des commissionnaires acheteurs.

Les bois se traitent en Angleterre, soit au pied cubique (il en faut 35,32 pour 1 mètre cube), soit au load, contenant 50 pieds cubiques.

Portes anglaises en fonte.

§ **27**. — Je n'en dirai que quelques mots, puisqu'elles sont abandonnées aujourd'hui en raison des graves inconvénients qu'elles présentent, et que j'ai déjà eu l'occasion de signaler. En 1821 et puis en 1827, on a con-

à l'écrasement, il présente une particularité qui n'existe dans aucun autre bois de construction. Il supporte l'addition de poids successifs sans montrer aucun signe d'affaissement, et lorsque la charge d'écrasement arrive à la limite, le greenheart rompt soudainement avec un bruit sec et fort, et il ne reste de la pièce qu'une masse de fibres informes.

struit à *Sherness* des portes entièrement en fonte, c'est-à-dire avec poteaux et entretoises formant une ossature recouverte par un bordage en fonte composé de plaques étanches. En 1847-1848, et même il y a quelques années seulement, je crois, on a construit à *Sunderland-Docks* des portes dans lesquelles la charpente en fonte, formée par les poteaux et les entretoises, a été recouverte par des bordages en greenheart de 3 pouces d'épaisseur, jointifs et obliques à l'amont, tandis que, à l'aval, ils étaient posés verticalement en présentant des vides.

L'ouverture entre bajoyers, des portes construites en 1848, est de 60 pieds (18^{m},30); les vantaux de 9^{m},45 de hauteur totale sont cintrés sous un rayon au busc de 17 mètres, et supportés chacun par deux roulettes. Celles-ci, trop fortement chargées, s'usèrent très-rapidement; car, au bout de cinq ans, leur diamètre primitif, de 0,61, fut réduit à 0,56. On augmenta la largeur de roulement pour celles qui furent posées en remplacement.

Dans d'autres portes en fonte, les bordages ont été formés par des tôles étanches, dans le but de leur donner de la légèreté en constituant des caisses à air.

Portes en fer de Victoria-Docks, près Londres.

§ 28. — Elles ont été construites en 1857, et, pour la première fois, les ingénieurs s'étaient proposé d'avoir des vantaux creux, en tôles étanches, c'est-à-dire rendus légers par l'immersion[1].

Je vais en donner seulement une description sommaire, puisque je donnerai les dessins-coupes des portes de la Tyne, de construction tout à fait analogue, mais plus soignée dans ses détails comme dans son exécution.

L'écluse d'entrée, sur la Tamise, a deux paires de portes, et elle conduit à un bassin de demi-marée, qui, lui-même, communique avec les

1. Dix ans avant, à Brooklyn, près New-York, des portes à deux vantaux en fer avaient été installées pour la fermeture d'une cale sèche de l'arsenal. Mais on n'avait pas senti la nécessité de les faire creuses avec doubles bordages, peut-être parce qu'elles ne devaient être manœuvrées que rarement, en raison de leur fonction spéciale. Elles n'en méritent pas moins une mention, comme premier spécimen de vantaux en fer.

La largeur entre bajoyers est de 60 pieds (18^{m},29), avec un busc de 4^{m},80 de flèche. Chaque vantail, de 9^{m},45 de hauteur, est formé de 23 entretoises horizontales (en fers plats 560 × 19 armés de 2 cornières) inégalement distantes et reliées à l'amont par un bordage en tôle rivée, variant d'épaisseur entre 16 et 6 1/2. Les vantaux sont courbes sous un rayon de 23^{m},35 et ils reposent sur des roulettes en fonte, de 0,46 de diamètre, manœuvrées par un arbre fileté qui permet le réglage. Le poteau-tourillon est en fonte, et une fourrure en bois de chêne a été rapportée contre le poteau busqué en tôle.

Ces portes de Brooklyn ont coûté environ 85,000 francs.

docks Victoria par une troisième paire de vantaux. Je vais m'occuper de la porte d'aval de l'écluse. Les bajoyers sont distants de 80 pieds (24^m,40); la flèche du busc, étant de 20 pieds, correspond donc exactement au quart de l'ouverture.

Les vantaux fermés présentent à l'amont un seul arc de cercle de rayon égal à 50 pieds (15,25), tandis que, sur l'autre face, ils forment deux arcs de 60 pieds de rayon, de telle façon que l'épaisseur du vantail, au droit du poteau, est de 0,61, et, au milieu, elle devient 0,915. Quatorze entretoises horizontales forment 13 compartiments, de hauteur variable, depuis 0^m,585 jusqu'à 0,915, et elles sont reliées verticalement par deux armatures. Les tôles des revêtements extérieurs sont d'épaisseurs variant entre 19 et 9 millimètres. Les fourrures des poteaux et du busc sont en greenheart.

La crapaudine du pied du vantail est en fonte, et elle porte en-dessous un logement polygonal dans lequel on plaça une pièce en laiton (brass) tenue au moyen de cales ajustées. Le laiton anglais est de composition très-variable. La proportion de zinc étant 1, celle de cuivre est de 1, 2, 3, 4, 5. Le pivot est en fonte, avec patin à 4 branches, de section évidée, dans lesquelles 4 bras en chêne ont été boulonnés afin d'augmenter la surface d'assise et de multiplier les points d'attache avec les maçonneries. Ces précautions ont été prises, parce que le radier de l'écluse n'a pas de chambre basse au droit des enclaves, et que le *busc est en fonte*. Il a la forme d'une équerre avec nervures, et il est posé sur le fond du radier, dans lequel il est retenu par des boulons, en faisant avec lui une saillie au milieu de 0,305 et, vers les tourillons, une saillie de 0,53.

La roulette est également en fonte, avec un diamètre de 0,81, et 0,18 de largeur de roulement; son essieu est en bronze. Le chemin de la roulette, en forme de bridge-rail et en fonte, n'avait primitivement que 0,115 de largeur à sa partie supérieure.

La manœuvre se fait par le système hydraulique.

Voici quelques chiffes principaux :

Largeur entre bajoyers	24^m,40	225^m,70
Hauteur du vantail, au-dessus de la pointe du busc .	9 ,25	
Longueur développée du vantail	14 ,65	
Hauteur totale du vantail	9 ,45	
Hauteur au-dessus du busc des hautes mers de vives eaux (printemps).	8 ,54	Différence 5^m,49
Hauteur au-dessus du busc des basses mers de vives eaux (printemps)	3 ,05	
Nota. — En marées d'équinoxe, la différence de niveau est d'environ		6^m,10

Le *poids* du fer des deux vantaux, compris la crapaudine en fonte, est de 198 tonnes anglaises de 1016 kilog; et le poids de la fonte pour buscs, pivots, ancres, roulettes, et chemins, etc., est égal à 59 tonnes, sur lesquelles environ 20 tonnes pour les buscs.

Le *prix* des portes inférieures a été d'environ livres 5,500 = 137500 fr., qui correspond à un prix moyen de 53 fr. 50 par tonne[1].

Accidents survenus aux portes de Victoria-Docks

1° *Fracture du busc en fonte.* — Son extrémité était solidement reliée au chardonnet par l'intermédiaire du pivot à 4 branches, et puis, sur toute sa longueur, le patin horizontal du busc a été relié au radier par des boulons à scellement. Or, un tassement considérable s'étant produit au droit des chardonnets, le pivot de chaque côté est descendu d'environ 3 centimètres, tandis que le radier n'a pas tassé dans les mêmes proportions. Il en est résulté la fracture du busc à environ $1^{m},00$ de sa pointe, et on a dû rapporter sur la fente une plaque en fer forgé formant couvre-joint. Cet accident démontre qu'on aurait dû attendre les tassements avant de poser définitivement le busc, et que, dans tous les cas, il y a lieu de renoncer à l'emploi des buscs en fonte.

2° *Vantaux non étanches.* — On ne put pas obtenir l'étanchéité. L'eau pénétra en plusieurs points et notamment par les trous des boulons qui fixaient les fourrures en bois.

3° *Fracture de la crapaudine en fonte.* — Elle survint dans un des côtés de la boîte polygonale inférieure, ayant cependant 5 centimètres d'épaisseur. On pensa d'abord que l'accident provenait d'un défaut d'ajustage

1. Le prix moyen des trois paires de portes a été de livres 4,500. Mais il faut considérer que, si le poids de fonte est constant, il n'en est pas de même pour le fer dont les poids sont les suivants :

Portes d'aval, fer.	198 tonnes anglaises.
Portes d'amont, fer.	128 tonnes anglaises.
Portes intérieures, fer	138 tonnes anglaises (vannes comprises).

Le poids moyen du fer est de 155 tonnes, et le prix de livres 4,500 (112,500 fr.) peut être décomposé de la façon suivante :

155^t fer.	$0^f,60$	93,000	112,000^f
59^t fonte.	0 32	19,000	

Et en appliquant les mêmes prix unitaires aux portes d'aval, on a :

198^t fer.	0,60	118,800^f
59^t fonte.	0,32	19,000
		137,800^f

Soit, en chiffre rond, livres 5.500.

des fourrures en bois du busc qui avaient pu exercer un effort sur le pivot, et on rapporta une plaque couvre-joint. Mais l'inconvénient persista; on dut alors relever le vantail, et on trouva la pièce en alliage de cuivre et zinc (brass) tellement écrasée qu'elle adhérait fortement au pivot, et que, dans le mouvement de rotation, elle avait ouvert la ceinture polygonale en fonte qui la recevait. La dureté de la manœuvre n'avait pas été sentie, parce que l'appareil hydraulique était très-puissant. Le manque d'étanchéité avait quadruplé la charge sur la crapaudine, en même temps que celle-ci avait reçu un effort latéral par suite de la non-concordance de la courbe du busc en fonte avec celle du vantail.

4° *Usure et fentes du chemin en fonte de la roulette.* — Celle-ci reçut une charge de 40 à 45 tonnes, au lieu de 12 à 15 prévues, par suite de l'entrée de l'eau dans l'intérieur du vantail. On dut remplacer le chemin de roulement par un autre plus large, auquel on donna 0,18 au lieu de 0,115 (largeur en tout cas insuffisante) qu'avait le chemin primitif.

Portes en fer de Jarrow-Docks sur Tyne, construites en 1858.

(Voir les figures de la planche 2.)

§ **29.** — Elles ont été construites sur le modèle des portes de Victoria-Docks, mais avec des perfectionnements qui ont fait disparaître les graves défauts que celles-ci ont présentés.

Les plus grandes ont la même largeur entre bajoyers, c'est-à-dire 24,40 (80 pieds) et à peu près la même flèche de busc. Celui-ci a été fait en pierre. La plus grande différence consiste en ce que les vantaux sont courbes en dessous ; le busc présente par suite une double courbure en plan et en élévation, et malgré la difficulté de l'exécution, il y a concordance parfaite entre le busc et le vantail. Ce dernier, étant moins haut au tourillon qu'au busqué, a donc son pivot surélevé de $1^m,07$, et il y a moins à craindre que des matières étrangères viennent se loger derrière le pied du poteau-tourillon.

Grâce aux soins des constructeurs, MM. Robert Stephenson et Cie, de Newcastle, et de leur célèbre ingénieur, M. Charles Manby, l'étanchéité des vantaux a été obtenue, et avec elle on a eu tous les avantages que présente le système, avantages que j'ai fait ressortir plus haut quand j'ai décrit les portes en tôle de Boulogne.

Néanmoins, les compartiments, variant de hauteur, sont très-bas vers la partie inférieure et par suite peu accessibles. Ainsi, vers le poteau busqué, les vantaux ont 8,23 de hauteur et sont divisés en onze compartiments par douze entretoises horizontales dont l'espacement varie entre 0,61 et 0,915 (2 à 3 pieds).

Le rayon de courbure des faces amont est de 50 pieds, 15,25, tandis que celui d'aval est de 56 pieds environ, c'est-à-dire 17 mètres.

Les portes peuvent être manœuvrées, soit à la main, soit par l'eau comprimée, et on a employé une disposition dont la figure de la planche 2 donne une idée d'ensemble. Cette précaution de double manœuvre a dû être prise à la suite des accidents arrivés à Victoria-Docks. La manœuvre des portes d'écluse par l'appareil Armstrong a, il faut le dire, l'inconvénient de ne pas faire sentir de suite des obstacles provenant de corps étrangers qui pourraient se loger derrière le busc ou les chardonnets; mais cet inconvénient n'a pas paru assez grave pour faire renoncer aux avantages que cette manœuvre présente, en Angleterre, sur les treuils à main.

Dimensions principales des grandes portes.

Largeur entre bajoyers.	$24^{m},40$	$^{m.2}$ 200,80
Hauteur du vantail, au-dessus de la pointe du busc.	8 ,23	
Longueur développée du vantail, entre fermetures verticales.	14 ,15	
Longueur développée du vantail, totale.	14 ,70	
Espacement des entretoises extrêmes vers le poteau busqué.	8 ,23	
Espacement des entretoises extrêmes vers le poteau-tourillon.	6 ,55	
Hauteur au-dessus du busc des hautes eaux des moyennes marées de printemps.	7 ,47	$4^{m},42$ de différence
Hauteur au-dessus du busc des basses eaux des moyennes marées du printemps.	3 ,05	
En marées ordinaires d'équinoxe, la différence de niveau est d'environ.		5,33
Saillie du busc sur le bas radier.	0 ,61	
Diamètre extérieur du pivot en fonte (creux).	0 ,23	
Diamètre extérieur du tourillon supérieur en fonte. .	0 ,305	
Diamètre moyen de la roulette en fonte.	0 ,61	
Diamètre de l'arbre vertical de la roulette	0 ,102	
Longueur de l'arbre de la roulette, d'axe en axe des deux supports.	2 ,10	
Largeur de la roulette.	0 ,18	
Largeur du patin inférieur du chemin.	0 ,41	
Epaisseur du vantail au droit des poteaux.	0 ,61	
Epaisseur du vantail au milieu.	0 ,91	
Epaisseur des bordages à l'amont. 19,16 et 13 mil.		
Epaisseur des bordages à l'aval. . 16,13 et 9 mil.		

Le *poids* des deux grands vantaux est de 140 tonnes anglaises, non compris le pivot, le chemin de la roulette et le bois. Une paire de grandes portes *a coûté* livres 4,398, y compris les pièces scellées dans les maçonneries, pivot, chemin, etc., c'est-à-dire 110,000 francs, mais non compris les appareils de manœuvre.

Le poids et le prix correspondant à ceux que je viens d'indiquer et relatifs aux petites portes de 60 pieds d'ouverture entre bajoyers (18^m,30) sont 101 tonnes et livres 3.094 = 77.500 francs.

Portes métalliques du canal de Bristol, construites en 1869.

§ 30. — L'écluse d'entrée, sur la rivière Avon, des Channel-Docks, près Bristol, a un double sas muni de trois paires de portes, ayant entre bajoyers une largeur de 25,92 (85 pieds). Les buscs sont curvilignes avec une flèche de 20 pieds et une saillie de 0,61 sur le bas radier des chambres.

Ces portes présentent une particularité nouvelle, consistant dans l'emploi d'un *poteau-tourillon en fonte sur des vantaux en fer*. Je suppose que l'auteur du projet, M. J. Brunlees, a été amené à remplacer le bois de greenheart par de la fonte au poteau-tourillon, par suite de la *hauteur exceptionnellement grande* des vantaux qui est de 15,40 (50 1/2 pieds) pour les portes d'aval. En grandes marées d'équinoxe, la différence de niveau observée sur la rivière Avon, à Channel-Docks, est de 44 pieds, c'est-à-dire 13^m,40. Cette hauteur considérable provient de ce que le canal de Bristol forme une espèce d'entonnoir, dont la direction est à peu près celle de la vague. Le busc d'aval est posé à 1^m,22 au-dessous des plus basses mers. Dans ces conditions extraordinaires, il a été décidé que le poteau-tourillon serait fait en quatre pièces superposées (avec surfaces tournées) et boulonnées ensemble au moyen de douze boulons de 38 millimètres à chaque joint. La section du poteau présente la forme d'un segment de cercle un peu plus grand que le demi-cercle. Une chambre, venue à la fonte sur toute la hauteur, vient alléger le poteau qui, entièrement creux, présente une paroi droite au vantail, avec lequel il est fixé sur toute la hauteur par des rivets suffisamment rapprochés pour être étanches.

Chaque vantail est divisé en vingt compartiments par vingt et une entretoises horizontales, dont l'espacement varie de bas en haut depuis 0,61 jusqu'à 0,915. Elles sont rendues solidaires par les fermetures verticales extrêmes et aussi par quatre armatures verticales intermédiaires. Les âmes des entretoises, leurs cornières et leurs plates-bandes, les tôles de bordage et leurs couvre-joints diminuent en section au fur et à mesure que l'on s'élève. Ainsi, l'épaisseur des tôles de bordage passe successivement par 19 millimètres, 16,13, 11 et 9 1/2.

Le rayon de courbure d'amont est de 57 pieds, tandis que le rayon du busc est plus grand, de manière que l'épaisseur du vantail est de 1,22 au milieu (4 pieds) et de 0,86 au droit des fermetures extrêmes. Le poteau-tourillon a un diamètre de 0,915 (3 pieds) avec des épaisseurs de fonte uniformes le plus possible et égales à 38 millimètres. Des fourrures en bois sont rapportées à la partie inférieure du vantail et contre le poteau busqué.

La crapaudine, le pivot, la roulette et son chemin, sont en fonte coulée en coquille (chilled cast iron). Un disque en bronze, légèrement concave, a été introduit dans le fond de la crapaudine pour que le frottement avec le pivot inférieur convexe fût dans de bonnes conditions.

Le fer entrant dans la construction de chaque vantail des *portes d'aval* a été prévu à 144 tonnes anglaises, c'est-à-dire 146,000 kilogrammes.

Les dessins de ces portes ont été donnés par le journal *The Engineer*, dans son numéro du 22 janvier 1869.

Le busc des *deux paires de portes d'amont* est relevé jusqu'à environ $9^{m},50$ en dessous des plus hautes mers, et chaque vantail ne doit plus avoir que 97 à 98 tonnes de fer.

Portes métalliques de Limehouse-Docks, près Londres.

§ 31. — La grande écluse qui fait communiquer ce dock (et par suite le canal du Régent) avec la Tamise a 60 pieds d'ouverture. Les portes sont construites sur le même système que les précédentes, c'est-à-dire avec un *poteau-tourillon en fonte* et quatre armatures verticales intermédiaires.

Les vantaux n'ont que 31 à 32 pieds de hauteur, et ils supportent une pression maxima résultant de 20 pieds de différence de niveau d'eau en grandes marées.— Du côté du dock, le bordage est entièrement en tôle; mais, à l'aval, il n'existe que sur environ 11 pieds, correspondant à la hauteur de la *caisse à air*, et au-dessus les entretoises horizontales sont reliées par de forts madriers disposés à claire-voie. Les *buscs sont droits:* d'où il résulte des vantaux droits à l'aval. C'est là une heureuse disposition pour des portes en fer, puisque ce métal, travaillant mieux à la traction qu'à la compression, est appliqué d'une façon plus rationnelle, en même temps que les diverses pièces de l'ossature sont de construction beaucoup plus simple et par suite plus économique.

La manœuvre est faite par des cabestans mis en mouvement à volonté, soit à la main, soit par la puissance hydraulique.

Portes en fer de Millwall-Docks.

§ 52. — Je vais en dire quelques mots, parce qu'elles présentent un exemple de *bordages*, en *partie en fer*, en *partie en bois*. Sur les 7/12 environ de hauteur à partir du bas, les bordages sont en tôle, de façon à constituer une caisse à air de volume convenable, et, sur les 5/12 restants, l'ossature métallique, formée par les poteaux et les entretoises horizontales et verticales, est recouverte en amont par un bordage étanche en sapin de Memel de 0,10 d'épaisseur et à l'aval par des madriers en orme non jointifs formant défense. Il doit résulter de cette disposition une économie très-appréciable.

Chaque vantail, de $12^m,88$ de longueur et $9^m,45$ de hauteur, porte dix entretoises horizontales formant neuf compartiments de hauteur variable réunis par deux armatures verticales intermédiaires. La *caisse étanche* comprend les six compartiments inférieurs fermés à l'amont par des tôles de 19 à 14 millimètres d'épaisseur, tandis que, à l'aval, ces tôles n'ont que 17 à 12 1/2. Les cloisons horizontales sont en 11 millimètres, à l'exception de l'inférieure dont l'épaisseur a été portée à 19. Les vantaux sont cintrés, comme d'usage, sous un rayon au busc de 61 mètres, plus petit à l'amont, de manière à donner 0,915 d'épaisseur au vantail en son milieu et 0,61 au droit du tourillon. L'épaisseur au poteau busqué est plus faible. Les fourrures des poteaux son de greenheart, en plusieurs pièces assemblées entre elles et avec les fermetures en fer au moyen de boulons dont les têtes à six pans sont logées dans des petites chambres. Celles-ci sont rendues étanches par des bouchons en bois dur, convenablement disposés.

Les crapaudines, pivots, tourillons et roulettes avec leur chemin, sont en fonte. Chaque vantail pèse environ 60 tonnes.

Portes en fer de great Surrey-Docks à Londres.

(Voir les coupes de la planche 2.)

§ 53. — Elles méritent d'être citées, parce que leurs entretoises horizontales et verticales sont à *âmes en treillis* (sauf pour les cloisons qui forment les limites de la caisse étanche), et aussi parce que les vantaux cintrés ont dans la partie basse d'aval un *segment rapporté*, de façon à présenter avec le busc une face droite de contact.

La largeur entre bajoyers est de $15^m,25$ (50 pieds). Les vantaux ont, comme à Jarrow-Docks, des hauteurs différentes aux deux extrémités qui sont de 9 mètres et de 7,93, et ils supportent, en marées ordinaires d'équinoxe, une pression résultant de 20 pieds de différence de niveau

(6^m,10). L'angle que forment les deux vantaux busqués étant de 148°, il en résulte que la flèche du busc n'est que le septième environ de l'ouverture. Le vantail présente 9 et 11 compartiments horizontaux au droit des poteaux-tourillon et busqué, dont les fourrures sont en chêne. Les armatures verticales sont très-nombreuses, sept intermédiaires et les deux extrêmes formant fermetures. Les cornières employées sont en 76 millimètres de branches et 12 d'épaisseur. La roulette est en saillie comme à Victoria-Docks; elle a 0,61 de diamètre avec 0,15 de largeur. Son arbre régulateur est une colonne verticale creuse en fonte, renflée en son milieu où elle a 254 millimètres de diamètre avec des épaisseurs de 1 pouce. La partie supérieure d'aval du vantail est protégée par des madriers créosotés de 0,10 d'épaisseur et de 4,27 de longueur.

Voici quelques autres dimensions :

Largeur entre bajoyers.	15^m,25	$^{m.2}$ 137,25 (accolade des deux lignes)
Hauteur du vantail au-dessus de la pointe du busc. .	9 ,00	
Hauteur au-dessus du busc des hautes mers de vives eaux.	8 ,23	5^m,49 de différence (accolade des deux lignes)
Hauteur au-dessus du busc des basses mers de vives eaux.	2 ,74	
Epaisseur du vantail en son milieu.	0 ,71	
Epaisseur du vantail aux extrémités.	0 ,61	

L'épaisseur des bordages varie entre 16 et 8 millimètres.

Chaque vantail pèse 52 tonnes; il déplace à haute mer 49 tonnes et à basse mer environ 20 tonnes.

Le poids de la partie métallique d'un vantail est approximativement de 45 tonnes.

CHAPITRE V.

COMPARAISON DES DÉPENSES DE CONSTRUCTION.

§ 34. — Dans les descriptions précédentes j'ai indiqué le montant des dépenses exactes toutes les fois que j'ai pu me les procurer. Je vais maintenant les traduire en un *tableau comparatif*, en ne considérant que le prix des vantaux busqués sans leurs valets et sans leurs appareils de manœuvre. A cet effet, j'ai calculé pour chaque porte :

1° Le *prix par mètre carré*, en prenant dans chaque cas la surface que l'on obtient en multipliant la largeur entre bajoyers L par la hauteur h du vantail au-dessus de la pointe du busc. Cette surface Lh hypothétique, plus faible que celle des deux vantaux, m'a paru être la plus rationnelle, puisqu'elle est une fonction des deux dimensions utiles, sans faire intervenir la plus-value de longueur qui résulte, d'une part, de la flèche du busc et, d'autre part, de la partie en contact avec les maçonneries. Ces deux plus-values de dimension des vantaux varient avec chaque système et n'ont aucun rapport avec les conditions essentielles que les portes présentent vis-à-vis de la navigation.

2° Le *prix par tonne de charge d'eau*, en marées ordinaires d'équinoxe. Pour les mêmes raisons que ci-dessus, j'ai considéré la charge que supporterait un bâtardeau placé normalement entre les bajoyers et retenant l'eau à la même hauteur que les portes.

Cette charge P est donnée par l'expression $\frac{1}{2}\,\delta\,(H^2 - H'^2)\,L$, dans laquelle δ = le poids du mètre cube d'eau de mer = 1,030 kilos en chiffre rond;

H et H', les hauteurs au-dessus du busc, des hautes et basses mers que j'ai prises comme étant les hauteurs d'eau à l'amont et à l'aval des portes;

L, la largeur entre bajoyers.

3° Les deux prix au mètre carré et à la tonne de charge ne peuvent pas être considérés comme des chiffres absolus de comparaison. Il suffit, en effet, de remarquer que les moments fléchissants varient suivant le carré de la distance des points d'appui ; d'où il suit que les sections des pièces et par suite leur prix augmentent dans une proportion plus grande que les ouvertures. Or, dans la détermination des deux prix ci-dessus, la largeur de l'ouverture est entrée pour sa simple valeur. Afin d'introduire cette dimension au carré, j'ai calculé dans chaque cas, le produit de la charge d'eau par l'ouverture entre bajoyers $PL = \frac{1}{2} \delta (H^2 - H'^2) L^2$, et j'ai obtenu ainsi des nombres que j'ai pris comme diviseurs avec les dépenses de construction prises comme dividendes. Il en résulte une série de quotients que j'appelle *prix élémentaires de comparaison*, et qui devraient être sensiblement les mêmes, si un même système de portes d'écluse était appliqué à des ouvertures différentes, avec l'emploi des mêmes matériaux et des mêmes prix unitaires.

Par conséquent, on peut juger de la valeur économique des divers systèmes, en mettant en parallèle leurs prix élémentaires de comparaison, calculés comme je viens de l'indiquer.

PORTES D'EBBE.

Tableau comparatif des prix de construction des vantaux busqués

(appareils de manœuvre non compris).

DÉSIGNATION DES PORTES.					PRIX des deux vantaux busqués.	PRIX par mètre carré.		PRIX par tonne de charge d'eau.		Prix élémentaires de comparaison.		Observations.
Noms et lieux.	Dates.	Nature.	Ouverture. L.	Hauteur. h.		SURFACE L h.	PRIX par mèt. carré	CHARGE P.	PRIX par tonne	PRODUIT P L.	PRIX de comparaison	
			m.	m.	fr.	mc.	fr.	t.	fr. c.			
Dunkerque (Écluse de barrage).....	1855	Bois.	21,00	7,04	48.800	147,84	330	527	92 60	11.067	4,41	
Saint-Nazaire (Bassin à flot).......	1859	Bois.	25,00	9,78	192.000	244,50	786	954	201	23.850	8,00*	Construites en régie.
Havre (Portes de la citadelle)......	1862	Bois.	30,50	9,50	356.000	289,75	1227	1276	279	38.918	9,16	
Dieppe (Bassin Duquesne).........	1871	Bois.	16,50	8,05	42.000	132,82	318	551	76	9.091	4,62*	Portes non mailletées.
Fécamp (Bassin à flot)............	1865	Mixtes....	16,50	9,87	77.600	162,85	477	809	96	13.348	5,81	
Boulogne (Portes d'amont).	1867	Mixtes....	21,00	9,55	108.500	200,55	517	961	108	20.181	5,13	
Havre (Portes d'aval, nouvelle écluse).	1871	Mixtes....	16,00	9,00	79.000	144,00	550	643	122	10.288	7,70*	Prix d'après le détail estimatif (rabais déduit).
Boulogne (Portes d'aval)..........	1867	Fer......	21,00	9,60	125.000	201,60	620	961	130	20.181	6,20	
Id. id.	»	»	»	»	111.500	»	552	»	116	»	5,52*	Sans les roulettes
Porte anglaise..................	1850 à 1860	Bois.	18,30	9,25	55.500	169,27	328	604	92 50	11.050	5,00*	Voir le nota n° 1.
Docks of the great Grimsby........	1848	Mixtes....	21,35	9,45	65.000	201,75	323	736	88	15.713	4,14	
Liverpool-Canada-Docks.	1857	Greenheart	30,50	8,73	165.000	266,26	620	1197	138	36.508	4,52	
Victoria-Docks (Portes d'aval).	1857	Fer......	24,40	9,25	131.500	225,70	585	889	148	21.691	6,06*	Voir le nota n° 2.
Jarrow-Docks (Grandes portes).....	1858	Fer......	24,40	8,23	110.000	200,80	550	705	156	17.202	6,40	
Jarrow-Docks (Petites portes)......	»	Fer......	18,30	8,23	77.500	150,60	517	527	147	9.644	8,00	

Nota n° 1 — Il résulte de renseignements pris et de chiffres communiqués en 1859 à l'institut des ingénieurs civils de Londres, que le prix moyen de construction des portes en bois en Angleterre, de 1850 à 1860, a été de 20 shillings environ par pied carré de vantail, pour des ouvertures entre bajoyers, variant entre 50 et 70 pieds, et pour des différences de hauteurs d'eau de 19 à 20 pieds en moyenne sur des vantaux ayant généralement 31 pieds de hauteur.

J'ai indiqué au tableau comparatif une porte anglaise en bois dans ces conditions moyennes ; j'ai pris l'ouverture entre bajoyers $L = 18^m,30$ (60 pieds), et dans l'expression de la charge $P = \frac{1}{2} \delta (H^2 - H'^2) L$, j'ai fait $H = 8^m,30$ et $H' = 2,20$, ou, autrement dit, j'ai supposé une différence de niveau de $6^m,10$ en marées ordinaires d'équinoxe. Quant au prix, j'ai tenu compte exactement de la différence entre la surface totale des vantaux anglais et la surface Lh. Ces deux surfaces sont dans le rapport de 11 à 9. Le prix de 20 shillings (25 fr.) par pied carré correspond à $25 \times 10,76 = 269$ francs par mètre carré de vantail, ou $269 \times \frac{11}{9} = 328$ francs par mètre carré de surface Lh.

Nota n° 2. — Le prix précédemment indiqué pour la construction des portes d'aval de Victoria-Docks, est de 137500 francs, pour 198^t de fer et 59^t de fonte, y compris le busc en fonte. Mais il y a lieu de déduire environ 20^t pour ce busc que j'évalue à 6,000 francs.

---

§ 35. — Je vais essayer maintenant de tirer quelques conclusions des chiffres du précédent tableau. La dernière colonne donnerait des éléments de comparaison pour ainsi dire absolus, entre les prix des différents systèmes, si on pouvait admettre :

1° Que les matériaux travaillent avec le même coefficient de sécurité.

2° Que les prix unitaires sont les mêmes pour les mêmes matériaux. Quant au premier point, on peut l'admettre pour toutes les portes françaises en raison de l'approbation obligatoire de tous les projets par le conseil général des ponts et chaussées, qui doit veiller à l'application de certains règlements administratifs établissant, jusqu'à un certain point, l'uniformité des coefficients de travail, pris au sixième environ de la rupture, tant en France qu'en Angleterre.

Quant au deuxième point, nous savons par les comptes détaillés quels sont ces prix unitaires dans la plupart des cas, et nous pouvons en tenir compte. D'ailleurs, pour dégager ce deuxième point, je vais établir deux tableaux donnant :

L'un le cube des bois employés dans chaque porte entièrement en bois, avec sa réduction au mètre carré, à la tonne de charge d'eau et au cube élémentaire de comparaison, comme je l'ai fait plus haut pour les prix.

L'autre, les mêmes indications sur le poids du fer entrant dans la construction des portes entièrement en fer (sauf les fourrures en bois du busc et des poteaux).

Tableau donnant le cube des bois.

DÉSIGNATION DES PORTES.	CUBE total employé.	CUBE par mètre carré.	CUBE par tonne de charge.	CUBE élémentaire de comparaison.
	m3.			
Dunkerque.	91,58	0,62	0,174	0,0083
Saint-Nazaire.	243,50	1,00	0,255	0,0102
Havre (Grandes portes).	435,00	1,50	0,340	0,0112
Dieppe.	87,00	0,66	0,160	0,0096
Liverpool (Grandes portes).	200,00	0,75	0,167	0,0055

Tableau donnant le poids des fers.

DÉSIGNATION DES PORTES.	POIDS du métal de la partie mobile des 2 vantaux.	POIDS par mètre carré.	POIDS par tonne de charge.	POIDS élémentaire de comparaison.
	kg.			
Boulogne.	136,000	675	141	6,8
Victoria-Docks.	202,000	895	227	9,3
Jarrow-Docks (Grandes portes).	142,200	710	201	8,2
Jarrow-Docks (Petites portes).	102,600	684	195	10,6
Surrey-Docks.	90,000	657	170	11,0

Je n'ai mentionné, ni les portes de Millwall-Docks qui ont des bordages mixtes, ni celles de Bristol, parce que, d'une part, ces dernières ont un poteau-tourillon en fonte, et que, d'autre part, je ne sais pas dans quelles proportions on a distribué les charges d'eau sur les trois paires de portes de l'écluse double.

Comparaison des prix des portes en bois.

§ 36. — Le petit tableau des cubes classe les portes françaises dans le même ordre que le tableau des dépenses; cela vient à l'appui de ce qui a été dit plus haut au sujet de l'uniformité des coefficients de travail; mais les différences entre les dépenses sont plus grandes, parce que le prix des bois d'une part et les dépenses pour ferrements et accessoires, d'autre part, ont augmenté avec les dimensions des portes.

En résumé, les portes de Dunkerque sont d'un système relativement économique; mais il est inadmissible dans les cas ordinaires qui fournissent des pressions plus grandes, et si on appliquait les mêmes prix unitaires que ceux des portes de Dieppe, la comparaison serait en faveur de ces dernières.

Les portes de Saint-Nazaire sont loin d'être économiques; mais elles ont l'avantage d'exclure l'emploi du chêne qu'il est toujours très-difficile de se procurer en grosses dimensions.

Quant aux portes du Havre, les chiffres du tableau sont assez éloquents par eux-mêmes et ils apportent une condamnation indiscutable du système.

Celui qui a été appliqué à Dieppe et qui est le plus rationnel est, somme toute, le plus économique des systèmes français. Néanmoins, nous devons remarquer que, dans les cas ordinaires, les portes devraient être mailletées dans leur partie basse, et alors la dépense, étant augmentée de 3 à 4,000 francs, fournirait les chiffres suivants :

Prix par mètre carré.	345 fr.
Prix par tonne de charge d'eau.	83
Prix élémentaire de comparaison.	5,00

Avant d'aller plus loin, je dois faire remarquer que les *prix unitaires payés en France pour les bois* ont été toujours insuffisants pour faire face aux dépenses des entrepreneurs. Ceux-ci ont le plus souvent le tort de poser comme principe que les prix étudiés par l'administration sont toujours susceptibles de rabais ; mais les charpentes en gros bois doivent toujours faire exception ; les déchets notamment ne sont jamais évalués à leur juste valeur, et il faut admettre que, dans l'avenir, les entrepreneurs seront plus clairvoyants ; que les prix des grosses charpentes augmenteront dans une grande proportion, et que, par suite, les prix des portes d'écluse en bois seront plus élevés que ceux que le tableau indique.

D'ailleurs, pour s'en convaincre, il suffit de comparer le prix de revient du mètre cube de bois des portes de Saint-Nazaire exécutées en régie, avec les prix unitaires payés aux entrepreneurs dans les autres ouvrages.

En effet, nous avons vu que le prix de revient, sans bénéfice, d'un mètre cube de *pitch-pine* à Saint-Nazaire, peut être pris égal à environ 300 francs (matériel déduit), tandis que les prix payés aux entrepreneurs ont été les suivants, déduction faite du rabais ayant varié entre 0 et 13 pour 100.

	CHÊNE.	SAPIN.
A Dunkerque	273f	153f
Le Havre (Citadelle), prix moyen du chêne et sapin	293	
Le Havre (Portes en construction l'année dernière)	310	187
Dieppe	357	171
Fécamp	340	185
Boulogne	356	180

Il ressort des chiffres précédents qu'on admet généralement que le prix du chêne est presque double du prix du sapin.

C'est le prix de ce dernier bois qu'il faudrait comparer au *pitch-pine*, puisqu'ils sont tous deux également faciles à travailler et que leurs prix commerciaux sont sensiblement les mêmes. Mais il y a lieu de remarquer que les portes de Saint-Nazaire sont à grande ouverture, de plus d'un système spécial, sans poteaux en bois, ayant nécessité des pièces très-longues pour les entretoises. Il est incontestable que le prix de revient aurait été inférieur à 300 francs, si les entretoises avaient été dans les conditions ordinaires; mais il est incontestable aussi que ce prix de revient aurait été supérieur à 180 francs qui représentent la moyenne payée aux entrepreneurs.

Ceux-ci ont tous fait des pertes, souvent très-grandes, sur la charpente, et, nous le répétons, les prix des portes d'écluse en bois augmenteront évidemment dans l'avenir.

Maintenant, si nous comparons les portes en bois françaises avec les portes en greenheart de Liverpool, nous sommes frappés de ce fait que, au lieu d'être plus chères, ces dernières sont plutôt plus économiques, et cependant le prix unitaire (600 francs à Liverpool) est deux fois et demi plus élevé que le prix moyen français. L'économie provient donc du système. Par un tableau précédent, j'ai montré que les ingénieurs anglais admettaient (dans l'hypothèse de la flèche du busc égale à un cinquième de l'ouverture) que la quantité de matériaux nécessaires pour des vantaux droits étant 3, cette quantité était à peine égale à 2 pour des vantaux cylindriques. Il nous est permis de penser, à l'inspection du tableau des cubes, que l'opinion des ingénieurs anglais est assez fondée, tout en n'admettant pas toutefois que les rapports indiqués soient exacts. Plus loin, nous examinerons cette question et nous verrons aussi si l'avantage du prix est assez important pour rendre désirable l'adoption, en France, des portes courbes en bois.

Une dernière comparaison se présente tout naturellement ; c'est celle des deux portes de même ouverture du Havre et de Liverpool. Les premières ont coûté 356,000 francs, les secondes 165,000 francs, et les prix élémentaires de comparaison sont 9,16 et 4,52. Les portes de la citadelle ont donc coûté plus du double que celles de Canada-Docks. Mais on peut penser avec raison que les portes du Havre ont été calculées pour pouvoir supporter une plus grande pression d'eau que celle qui résulte de la hauteur totale du vantail, puisque des hausses mobiles peuvent être rapportées pour augmenter la retenue. Eh bien, en supposant ces hausses de 1 mètre de hauteur et en refaisant les calculs, on arrive à 225 francs par tonne de charge d'eau et à 7,40 pour le coefficient de comparaison, chiffres beaucoup plus forts que les autres.

D'ailleurs, si l'on remarque que les métaux divers, entrant dans ces portes en bois du Havre, ont coûté, *à eux seuls*, plus que les grandes portes de Liverpool toutes complètes, on trouve une nouvelle explication des chiffres du tableau, et on arrive à conclure que le système adopté au Havre doit être absolument rejeté.

Comparaison des prix des portes mixtes.

§ **37.** — Les chiffres confirment ce que nous avions dit : le système de Boulogne est un peu plus économique que celui de Fécamp ; mais nous ne nous arrêterons pas davantage sur les portes mixtes qui doivent être abandonnées pour les raisons que nous avons eu l'occasion d'indiquer précédemment.

Comparaison des prix des portes en fer.

§ **38.** — Elles sont établies plus économiquement en France qu'en Angleterre ; les indications du tableau comparatif des poids le démontrent très clairement. A quoi cela tient-il ? La différence provient surtout du mode de calcul appliqué à tort en Angleterre aux tôles de bordage et à l'ossature en fer, et elle provient aussi de la forme des vantaux qu'il est préférable de faire droits à l'aval. Les ingénieurs anglais qui ont construit les portes de Limehouse-Docks ont reconnu l'avantage des vantaux ayant leur face plane, du côté opposé à la charge. D'autre part, l'équidistance des entretoises horizontales et le rôle important attribué aux armatures verticales constituent aussi la supériorité des portes de Boulogne sur les portes similaires construites en Angleterre.

Comparaison des prix des portes en bois et des portes en fer.

§ 39. — La moyenne des quatre premiers prix élémentaires, relatifs à des portes en bois, est de 6,55, supérieure au prix (6,20) des portes en fer de Boulogne, y compris les roulettes dont on pourrait se passer dans les cas ordinaires. L'avantage paraît donc en faveur de ces dernières; mais il faut considérer que les portes du Havre ont relevé la moyenne, et il est plus exact de comparer les portes suspendues de Dieppe (prix élémentaire avec mailletage = 5,00) avec les portes en fer suspendues, c'est-à-dire sans roulettes (prix 5,52).

La différence est donc de 10 pour 100; il faut considérer ce chiffre comme un maximum, puisque les prix des bois devront être augmentés pour être rémunérateurs, et, sans erreur sensible, on pourrait admettre que des portes en fer, exactement calculées par les formules de M. Lavoinne et bien étudiées au point de vue pratique, reviendraient au même prix que des portes en bois, calculées de la même façon; encore ne faudrait-il pas que celles-ci fussent d'une ouverture supérieure à 18 ou 20 mètres, car, au delà, les portes en fer coûteraient moins cher.

Mais, en admettant même la plus-value de prix de 10 pour 100, il n'en reste pas moins que les portes en fer sont plus économiques, parce qu'il faut tenir compte de leur *durée* plus grande.

Pour cela, supposons que les vantaux en fer durent seulement soixante ans, ou bien que, au bout de soixante ans, les nouvelles conditions à remplir, les progrès survenus dans la fabrication des matériaux ou dans leurs dispositions rendent désirable le remplacement des portes en fer par des portes d'un autre système; supposons, d'autre part, que les portes en bois durent trente ans, c'est-à-dire deux fois moins que les portes en fer.

Dans cette double hypothèse, calculons quel est le prix réel de chaque système.

1° *Portes métalliques.*

Elles coûteront. . . . . . { A comme construction
E entretien annuel

Quelle sera la valeur, a, de 60 annuités au taux, r (5 pour 100) pour payer la somme A augmentée des intérêts composés

$$a = \frac{A r (1 + r)^n}{(1 + r)^n - 1}$$

$n = 60$, $r = 0,05$ d'où $a = \dfrac{A \times 0,05 \times 18,68}{18,68 - 1} = 0,0528\,A.$

A la valeur a des 60 annuités ci-dessus j'ajoute E, dépense annuelle d'entretien, et j'ai la valeur totale de la somme à payer pendant soixante ans consécutifs, pour amortir et entretenir les portes métalliques.

Soit annuité $= 0{,}0528\ A + E$ (*formule* 1).

2° *Portes en bois.*

Elles coûteront { KA, comme première construction
KA, comme reconstruction au bout de trente ans
K'E, comme entretien annuel.

Je laisse de côté les dommages qu'éprouvera la navigation pendant la reconstruction.

Chaque dépense KA doit donc être payée par trente annuités a; elles se répéteront deux fois, c'est-à-dire pendant soixante ans, comme pour les portes en fer.

$$\begin{array}{l} n = 30 \\ r = 0{,}05 \end{array} \quad a = \frac{KA \times 0{,}05 \times 4{,}322}{4{,}322 - 1} = 0{,}065\ KA.$$

En ajoutant la dépense d'entretien, il faudra une

annuité $= 0{,}065\ KA + K'E$ (*formule* 2).

Dans l'hypothèse que les portes en bois coûteront seulement les neuf dixièmes du prix des portes en fer et que les dépenses d'entretien seront les mêmes, on a les valeurs suivantes pour les coefficients K et K' :

$$\begin{array}{l} K = 0{,}9 \\ K' = 1 \end{array}$$ et les formules 1 et 2 deviennent alors :

annuité pour les portes en fer $= 0{,}0528\ A + E$,
annuité pour les portes en bois $= 0{,}0585\ A + E$.

Je me suis placé dans des conditions évidemment favorables aux portes en bois, et cependant elles reviennent plus cher.

CHAPITRE VI.

CALCULS DE RÉSISTANCE.

§ **40.** — Je vais donner une simple analyse des systèmes théoriques et pratiques que l'on applique généralement à la détermination des dimensions des pièces principales.

Pressions d'eau. — Elles sont normales et il est très-facile de les déterminer. Considérons un vantail de longueur l, supportant d'un côté une hauteur d'eau H et de l'autre une hauteur H'. La pression *totale* P est donnée par l'expression

$$\frac{1}{2} \delta (H^2 - H'^2) l$$

dans laquelle δ représente la densité de l'eau de mer.

Prenons maintenant une tranche horizontale du vantail, supposons-la isolée et cherchons la pression d'eau qui pèse sur elle.

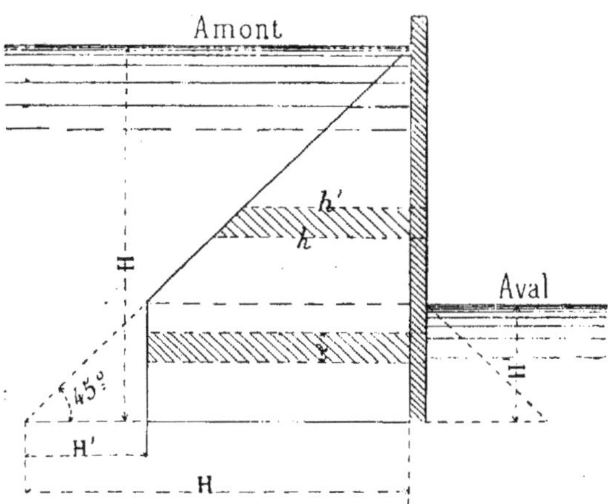

1° *Tranche placée au-dessus du niveau d'aval.*

En appelant h et h' les distances verticales des bords inférieurs et supérieurs de la tranche, par rapport au niveau d'amont, la pression est donnée par

$$\delta\, l\, (h - h')\left(\frac{h + h'}{2}\right).$$

Le terme $(h - h')$ représente la dimension verticale de la tranche, et le dernier terme équivaut à la hauteur d'eau moyenne qui pèse sur la tranche considérée.

2° *Tranche placée au-dessous du niveau d'aval.*

Appelons e la dimension verticale de la tranche. La pression est égale à

$$\delta\, le\, (\mathrm{H} - \mathrm{H}'),$$

c'est-à-dire que la pression est uniforme pour les parties recevant les deux pressions d'eau d'amont et d'aval.

Calcul des entretoises horizontales, supposées *isolées.*

Les deux dernières expressions donnent le moyen de calculer les charges d'eau sur les entretoises horizontales supposées isolées. Lorsqu'elles sont droites ou en forme de solide d'égale résistance, on considère ces pièces comme simplement appuyées sur les poteaux à leurs deux extrémités pour en conclure la valeur des moments fléchissants, et il ne reste plus qu'à faire l'application des formules ordinaires de la résistance des matériaux. Si les entretoises sont composées de plusieurs pièces assemblées à redans, on calcule généralement ceux-ci au moyen des formules de M. Jourawski.

Mais les entretoises sont en outre soumises à des efforts de compression longitudinale, résultant de la *réaction des deux vantaux.*

Cette réaction que j'appelle N, se déduit très-facilement de l'équation des moments :

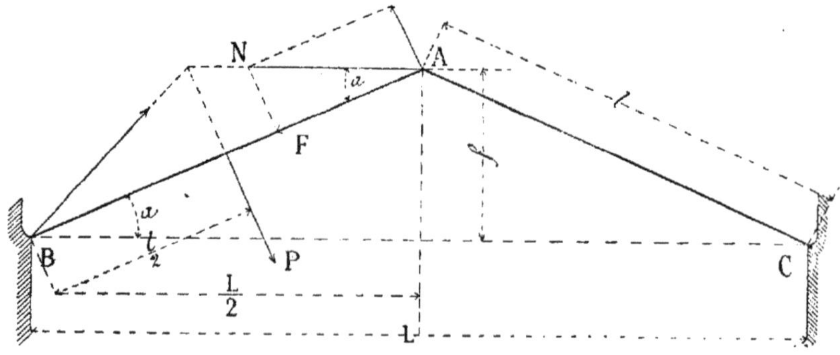

P = résultante des pressions normales.

En prenant les moments, par rapport à B, des forces qui agissent sur le vantail de gauche, on a :

$$P\frac{l}{2} - Nf = 0;$$

d'où

$$Nf = \frac{Pl}{2} \qquad N = \frac{Pl}{2f}.$$

La composante de N dirigée suivant le vantail, que j'appelle F, est égale à

$$F = N \cos \alpha.$$

Or

$$\cos \alpha = \frac{L}{2l};$$

d'où

$$F = \frac{Pl}{2f} \times \frac{L}{2l} = \frac{PL}{4f}.$$

Cette dernière formule montre que, lorsque la flèche du busc f est égale au quart de l'ouverture L, la compression longitudinale F est égale à la pression normale P.

Dans les portes françaises, la flèche est généralement le cinquième de la largeur entre bajoyers L ; dans ce cas, la force

F est égale aux $\frac{5}{4}$ de P.

Calcul des autres pièces. — On déterminera de même les forces agissant sur les diverses pièces, et on en conclura les dimensions par les procédés ordinaires.

Bordages. — En ce qui concerne les bordages ou revêtements remplissant les vides que présentent les entretoises entre elles, on les suppose généralement encastrés au droit de chaque pièce horizontale, s'ils sont continus ou s'ils peuvent être supposés d'une seule pièce comme cela existe pour les bordages en tôle munis de couvre-joints. Dans ce dernier cas, on en considère une lame verticale ; on calcule la charge d'eau qui pèse sur elle, et on applique les formules ordinaires ; mais l'épaisseur qui résulte des calculs est trop forte, puisqu'on n'a pas tenu compte de l'appui mutuel des lames voisines qui forment avec la lame considérée une plaque en tôle, rectangulaire, solidement fixée sur les quatre côtés de son pourtour.

Les bordés en tôle sont évidemment dans de meilleures conditions pour résister aux pressions de l'eau, lorsque les rectangles des pièces de l'ossature qu'il s'agit de recouvrir se rapprochent du carré.

Les plaques rectangulaires en tôle, encastrées sur tout leur pourtour, pourraient être assimilées, pour le calcul, à un grillage formé de deux séries de lames jointives se prêtant un mutuel appui. Mais je ne connais pas de formules théoriques qui soient applicables dans l'espèce, et il n'a pas été fait non plus, à ma connaissance, des expériences ayant pour but de déterminer la plus-value de résistance des parois dans ce cas spécial.

Il est bon, par conséquent, de calculer les épaisseurs des bordages en tôle, comme nous l'avons dit plus haut, c'est-à-dire en considérant une lame verticale encastrée à ses deux extrémités, sauf à augmenter le coefficient de travail, afin de tenir compte, dans une certaine mesure, des conditions favorables que nous avons indiquées.

Calcul des entretoises horizontales reliées par des armatures verticales. — Les ingénieurs français ont d'abord employé, pour ce calcul, les remarquables résultats d'expérience publiés par M. Chevallier dans les *Annales des ponts et chaussées* de 1850, et, depuis quelques années, ils font l'application des formules indiquées par M. Lavoinne.

Recherches expérimentales de M. Chevallier.

§ 41. — Je vais donner une analyse de ces recherches sur les portes d'écluse en bois, qui s'appliquent d'autant plus justement aux portes métalliques que les tôles ont, sur les bois, l'avantage d'une plus parfaite homogénéité.

Je ne citerai que les résultats relatifs à un système composé de dix entretoises parallèles, reliées perpendiculairement, soit par une pièce passant par leur milieu, soit par trois pièces posées sur chaque quart des dix entretoises. Dans les appareils d'expérimentation, les entretoises avaient $2^m,00$ de longueur entre poteaux, soit 2,15 de longueur totale, et elles étaient formées par des tringles en sapin du nord ayant 4 centimètres d'épaisseur dans le sens de la charge, avec des largeurs variant entre 23 et 31 millimètres afin de compenser la non-homogénéité des bois, de telle façon que toutes les entretoises présentaient la même résistance (flèche constante de 16 millimètres avec un poids de 16 kilogrammes posé au milieu de la portée de $2^m,00$). Les bordages ou armatures verticales étaient formées de tringles également en sapin de 4 centimètres de largeur et d'épaisseurs régulières, en raison de l'homogénéité, pour ainsi dire parfaite, de la pièce de bois dans laquelle elles avaient été tirées. Leur longueur était de $1^m,16$, mais il y avait une distance constante et exacte de 1 mètre entre l'arête du seuil et le dessus de l'entretoise supérieure. En plus de ces pièces, le seuil ou busc, ainsi que les deux poteaux étaient représentés par des tasseaux en fer rigides. La distance des deux poteaux était de $2^m,00$, c'est-à-dire le double de la hauteur du petit vantail d'expérimentation.

Les dix entretoises furent d'abord espacées de façon à former entre elles, et avec le seuil, dix écartements inversement proportionnels à la pression de l'eau et puis, dans une seconde série d'expériences, les entretoises furent également espacées, c'est-à-dire de $0^m,10$.

M. Chevallier admet que, entre les limites pratiques des charges n'altérant pas l'élasticité de la matière, et toutes choses égales d'ailleurs, les ordonnées des courbes de flexion étaient approximativement proportionnelles avec les charges. C'est en se basant sur ce fait (qu'il vérifia expérimentalement) que la répartition des charges sur chaque entretoise put être déduite des flèches observées. Les expériences démontrèrent aussi que la proportionnalité approximative des flèches et des charges existait pour un même système, qu'il fût simple ou composé.

Soit donc un système composé de deux autres A et B, et supposons que, sous la même charge P,

A prenne la flèche g } système total A + B la flèche f.
B prenne la flèche h }

On en conclut que A supportera, dans le système conjugué, une fraction $\frac{f}{g}$ de P, et semblablement B supportera $\frac{f}{h}$ de P. Or, on doit avoir nécessairement :

$$\frac{f}{g} P + \frac{f}{h} P = P \text{ ou bien } \frac{1}{f} = \frac{1}{g} + \frac{1}{h}.$$

Donc la valeur inverse de la flèche que prendrait l'ensemble est égale à la somme des valeurs inverses des flèches de chaque système partiel chargé isolément du même poids. On peut donc, pour évaluer la force d'un système, ou ce que M. Chevallier appelle sa *raideur*, adopter la valeur inverse de la flèche qu'il prend sous un poids déterminé.

Ainsi, représentant par 100 la raideur de ses dix entretoises, il trouva pour la raideur relative de ses trois bordages ou pièces verticales, suivant leur épaisseur de 1,2 ou 3 centimètres, les chiffres 5,87 — 49,16 — 158,33.

Voici maintenant le *tableau des principaux résultats* trouvés par M. Chevallier, en faisant la charge totale égale à 100.

ÉPAISSEUR des bordages.	CHARGE sur le seuil.	ENTRETOISE LA PLUS CHARGÉE.		CHARGE sur l'entretoise supérieure.	OBSERVATIONS.
		sa charge.	son rang.		
Un seul bordage sur le milieu des 10 entretoises espacées proportionnellement à la pression de l'eau.					
∞	43,40	14,56	10me	14,56	Calcul.
4 centimèt.	36,29	12,76	10	12,76	Expérience.
3 »	29,11	11,06	10	11,06	—
2 »	24,66	10,80	8	7,34	—
1 »	16,20	11,57	8	3,76	—
0,5 »	8,49	12,79	9	2,01	—
0 »	5,04	11,38	9	3,33	Calcul.
Un seul bordage sur le milieu des 10 entretoises équidistantes.					
∞	52,38	8,66	10me	8,66	Calcul.
4 centimèt.	44,08	6,86	8	6,79	Expérience.
3 »	38,59	7,74	5	5,03	—
2 »	31,81	9,92	4	2,20	—
1 »	20,11	13,48	3	0,00	—
0,5 »	12,54	15,39	1	0,03	—
0 »	9,67	18,00	1	0,33	Calcul.
Trois bordages sur chaque quart des 10 entretoises équidistantes.					
∞	52,38	8,66	10me	8,66	Calcul.
3 centimèt.	43,16	6,94	7	6,79	Expérience.
2 »	38,31	8,21	5	3,75	—
1 »	26,72	11,81	4	0,67	—
0 »	9,67	18,00	1	0,33	Calcul.

L'entretoise 1 est celle qui est la plus rapprochée du seuil; donc l'entretoise 10 représente l'entretoise supérieure.

Le bordage d'une épaisseur nulle est représenté dans la pratique par des bordages discontinus allant d'une entretoise à l'autre et simplement posés dans des feuillures. Le bordage d'épaisseur ∞ est celui qui aurait une raideur telle que sa flexibilité serait excessivement petite.

Dans les portes d'écluse, le système des trois pièces verticales doit être préféré à une armature verticale unique pour de nombreuses raisons pratiques, et aussi pour mieux entretoiser l'ossature et la rendre ainsi plus propre à recevoir les efforts de compression, dus à la réaction des deux vantaux, dont M. Chevallier n'a pas tenu compte ; en outre, la pièce unique conduirait à une épaisseur au milieu du vantail beaucoup trop forte.

Comparons maintenant les résultats au point de vue de l'espacement des entretoises, et nous remarquons :

1° *Avec l'espacement inégal des dix entretoises*, le haut de la porte peut moins bien résister aux chocs et aux intempéries, parce qu'il renferme moins d'entretoises.

Le seuil ou busc est de 1/5 moins chargé.

Les deux ou trois entretoises les plus élevées supportent le maximum de pression qui oscille entre 11 et 13 pour 100.

L'entretoise supérieure, la plus sujette à être avariée, supporte toujours une pression plus forte.

2° *Avec l'espacement égal des dix entretoises*, le haut présente plus de résistance aux chocs et aux intempéries.

Le seuil est de 1/4 plus chargé.

Le maximum de pression s'élève depuis l'entretoise inférieure jusqu'à l'entretoise supérieure, et il varie entre 15 et 7 pour 100.

Les pressions les plus fortes existent dans la partie inférieure de la porte.

L'entretoise supérieure supporte toujours une pression moindre.

Enfin, la construction est plus simple.

En résumé, ces expériences démontrent que les bordages, ou plutôt les armatures verticales, ont une grande importance, puisqu'elles contribuent à repartir le mieux possible les pressions sur les entretoises qui sont, par conséquent, d'équarrissage ou de section plus faible. De plus, l'avantage d'entretoises également espacées est démontré, et, dans le cas de portes en fer, cette équidistance a aussi de grands avantages de construction, en même temps qu'il en résulte des compartiments inférieurs aussi facilement accessibles que les autres.

Formules théoriques de M. Lavoinne, sur la flexion des entretoises horizontales et des armatures verticales.

§ **42.** — Un remarquable Mémoire sur cet objet a été publié dans les *Annales des ponts et chaussées* de 1867. L'application de la théorie de la résistance des matériaux est venue apporter une vérification aux résultats d'expérience de M. Chevallier, en même temps qu'une plus grande facilité dans les calculs.

La comparaison montre:

1° Que les plus grandes charges correspondent aux mêmes entretoises;

2° Que les charges maxima, accusées par les expériences, sont un peu plus faibles que celles déduites des formules, et que la différence, d'autant plus grande que l'épaisseur des bordages est plus forte, ne dépasse pas 7 pour 100 environ.

Cette différence tient en grande partie à ce que la manière dont la charge s'exerce sur les pièces de l'ossature n'a pas été prise tout à fait de la même façon dans les deux cas; de plus, la proportionnalité des charges avec les flèches centrales, admise par M. Chevallier, n'est pas exacte. Mais, en tenant compte de ces conditions différentes et des erreurs inévitables du procédé expérimental, on conclut que chacun des systèmes se contrôle par l'autre.

Je vais extraire du Mémoire de M. Lavoinne le résumé de ses laborieux et savants calculs.

Soit a demi-largeur entre poteaux d'un vantail.

b la hauteur du vantail.

Entretoises horizontales:

- n nombre des entretoises équidistantes et d'égales dimensions.
- Ie le moment d'inertie de chacune d'elles.
- s leur section commune.

Pièces verticales:

- v le nombre des intervalles égaux correspondant aux pièces verticales.
- Ii le moment d'inertie de l'ensemble de ces pièces verticales pour chaque intervalle.

E', E'' les coefficients d'élasticité de la matière pour les deux systèmes.

α l'angle du busc avec la normale à l'axe de l'écluse.

x, y les distances à l'axe neutre des points les plus écartés de cet axe pour chacun des deux systèmes.

p le poids du mètre cube d'eau.

k_1^4 la variable des tables 2 et 4, dont on trouvera plus loin un extrait.

q', q'' les coefficients donnés par ces tables.

R', R'' les efforts maxima qui tendent à se développer par mètre carré dans les deux systèmes, horizontal et vertical.

On pourra résoudre les diverses questions de répartition des charges et de résistance, auxquelles la construction d'une porte d'écluse de ce système peut donner lieu, au moyen des trois formules suivantes:

$$k_1^4 = 59{,}5 \frac{E''}{E'} \frac{V}{2n} \frac{Ii}{Ie} \frac{a^3}{b^3} \qquad \text{(formule 1}^{\text{re}}\text{)}$$

$$R' = \frac{1}{4} q'p \frac{a^2b^2x}{n\,Ie}\left(1 + \frac{2\ Ie \operatorname{cotang.} \alpha}{s\,a\,x}\right) \qquad \text{(formule 2}^{\text{e}}\text{)}$$

$$R'' = \frac{2\,q''pb^3ay}{v\,Ii} \qquad \text{(formule 3}^{\text{e}}\text{)}$$

La formule 2 tient compte de la réaction due à la buttée des deux vantaux l'un contre l'autre.

Pour déterminer les dimensions, on se servira d'abord de la formule 1, dans laquelle on donnera $a\ k_1^4$ la valeur 3,50 correspondant à la moindre charge des entretoises, en même temps qu'au système vertical le plus faible, et on obtiendra le rapport des résistances des deux systèmes.

On calculera ensuite, au moyen de la formule 2, les dimensions à donner aux entretoises, et on vérifiera, à l'aide de la formule 3, si le système vertical, dont les dimensions résultent des deux premières formules, est suffisamment résistant. S'il ne l'est pas, on fera varier : soit les dimensions des pièces des deux systèmes sans changer le rapport $\frac{v\ Ii}{n\ Ie}$, ni par conséquent k_1^4; soit le rapport lui-même en même temps que les dimensions des pièces des deux systèmes, jusqu'à ce que l'on obtienne pour R' et R'' des valeurs convenables.

L'application des formules aux différents cas de la pratique amènera souvent des simplifications de calculs. La valeur cotangente α est égale à 2,50 lorsque la flèche du busc est le cinquième de l'ouverture, c'est-à-dire lorsque $\alpha = 21° 48'$.

Les précédentes formules permettent de faire entrer les bordages dans la résistance du vantail, puisqu'on peut les considérer soit comme des plates-bandes-renforts pour les entretoises horizontales, soit comme des pièces verticales. Mais il n'y a d'intérêt à le faire qu'autant que les bordages sont en tôle, à l'amont et à l'aval. Dans ce dernier cas, le moment d'inertie des deux parois métalliques, tenues par l'ossature à une distance invariable, est assez considérable pour l'introduire dans les calculs ; mais alors il sera bon d'adopter, pour valeur de R, un coefficient de travail de 5 kilogrammes seulement par millimètre carré. De plus on calculera l'ossature seule, c'est-à-dire sans bordages et, dans ce cas, il sera permis d'admettre le coefficient de 8 à 9 kilogrammes par millimètre carré, dans l'hypothèse des plus fortes charges, en vives eaux d'équinoxe.

Toute sécurité sera donc obtenue, lorsque le vantail aura été soumis à ce double calcul.

Extrait de la table n° 2, donnant seulement les valeurs maxima du coefficient q', avec la position des entretoises les plus fatiguées dans le cas de dix entretoises égales et équidistantes.

VALEURS de k_1^4.	COEFFICIENTS q' maxima.	POSITION DE L'ENTRETOISE correspondant à q' maxima.
0,05	1,363	2e au-dessus du busc.
0,10	1,319	3e id.
0,50	1,116	id.
0,90	0,988	id.
1,00	0,972	4e id.
1,50	0,893	id.
2,00	0,835	id.
2,40	0,802	id.
2,60	0,788	5e id.
3,00	0,771	id.
3,50	0,753	id.
4,00	0,739	id.
4,20	0,737	6e id.
5,00	0,732	id.
5,50	0,737	7e id.
6,00	0,750	9e id.
10,00	0,850	id.
15,00	0,907	id.

Extrait de la table n° 4, donnant les valeurs maxima du coefficient q'' pour le calcul des pièces du système vertical.

VALEURS de k_1^4.	COEFFICIENTS q'' maxima.	POINT LE PLUS FATIGUÉ des pièces verticales.
0,10	0,0092	Au droit de la 2e entretoise au-dessus du busc.
0,40	0,0149	id.
0,80	0,0193	Au droit de la troisième.
1,00	0,0214	id.
2,00	0,0283	id.
3.00	0,0320	id.
3,50	0,0333	id.
4,00	0,0344	id.
5,00	0,0359	id.
6,00	0,0370	id.
10,00	0,0393	id.
15,00	0,0404	id.

Je viens de montrer combien est simple l'application des formules de M. Lavoinne, et j'ai fourni les éléments nécessaires à cette application ;

mais le Mémoire publié dans les Annales sera consulté avec fruit par quiconque aurait à calculer une porte d'écluse ou un système quelconque d'ossature pouvant être assimilée à l'un des nombreux cas considérés dans ce Mémoire.

Calculs en Angleterre.

§ 43. — On employa d'abord les formules du professeur Peter Barlow (volume I, de l'Institut des Ingénieurs civils de Londres); puis, en 1859, M. Kingsbury présenta à l'institut (volume XVIII) une note par laquelle il faisait ressortir l'avantage des portes cylindriques présentant à l'amont un arc unique. Il les considère comme des arches soumises à des pressions normales, et il calcule les poussées ou compressions en divers points, sans rechercher suffisamment la manière dont elles sont distribuées sur les sections, et sans tenir exactement compte des efforts fléchissants. L'année dernière, M. Browne saisit de nouveau la Société des Ingénieurs civils de Londres de la question des calculs de résistance des portes d'écluse. Dans son Mémoire, il prend une entretoise en tôle, avec âme et plates-bandes, et la considère comme une pièce courbe et rigide soumise à des efforts fléchissants et à des forces longitudinales résultant de la réaction des deux vantaux. Il suppose que le point d'application de cette réaction est au tiers de l'épaisseur du contact à partir de l'arête d'aval.

M. Browne, par des considérations théoriques très-complètes, arrive à une série de formules qui donnent le moyen de calculer la cambrure de l'entretoise, les dimensions de l'âme, les dimensions des plates-bandes, tant dans la section du milieu, où elles doivent être plus fortes à l'amont, que dans les sections des extrémités où, au contraire, c'est la plate-bande d'aval qui est plus fatiguée. Puis les formules se simplifient pour devenir applicables au cas d'entretoises en treillis, c'est-à-dire à âme évidée, et puis enfin au cas d'entretoises à section quadrangulaire, comme dans les portes en bois. Mais, comme il n'est pas pratique de donner aux bois la courbure que les calculs indiquent comme la meilleure, l'auteur de la note conseille de faire chaque entretoise en deux pièces courtes, avec un poteau au milieu de la longueur, et il considère chaque moitié comme un vantail séparé, pour le calcul duquel il applique ses formules, tout en les rendant applicables à des pièces droites, pour le cas où chaque demi-vantail sera composé d'entretoises rectilignes.

M. Browne fait ressortir de ses formules que la quantité du métal employé dans les portes existant en Angleterre est beaucoup trop grande, principalement dans les plates-bandes ou bordages; qu'il est possible de diminuer ceux-ci sans descendre toutefois jusqu'aux épaisseurs fournies par le calcul, parce qu'on arriverait à des dimensions trop faibles pour résister aux pressions d'eau. Il conclut, par suite, à l'adoption de portes courbes, à ossature métallique, recouverte, tant à l'aval qu'à l'amont, par des bordages en bois, calfatés pour être étanches ; portes dont un spécimen existe à Cardiff.

Je ne donne pas les formules signalées par M. Browne, parce que, faisant en grande partie double emploi avec les formules usitées en France pour le calcul des pièces courbes, elles pourraient être sans intérêt; mais il sera toujours possible de se reporter à la note insérée dans les publications de l'Institut (janvier 1871).

Je ne connais pas les autres modes de calculs appliqués en Angleterre; mais je pense qu'aucun ingénieur anglais n'a mis à profit les précieux résultats théoriques et pratiques que j'ai indiqués sur la flexion d'un système composé de pièces horizontales et verticales.

Je pense aussi que la plupart des ingénieurs anglais n'apportent pas assez de soins dans leurs calculs de résistance; se fiant à leur expérience ou à des formules empiriques qui n'ont d'autre mérite que la simplicité, ils s'exposent souvent à des erreurs en calculant, par comparaison ou par assimilation, les dimensions de pièces exceptionnelles, comme le sont celles des portes d'écluse maritimes. Je dois néanmoins ajouter qu'un assez grand nombre d'ingénieurs distingués ne négligent pas, malgré leur haute expérience, de recourir aux calculs, basés aussi bien sur la théorie que sur les précieux enseignements de la pratique.

Avant de terminer, je vais donner, par un tableau, les coefficients de travail usités en Angleterre, pour les principaux bois employés dans les constructions, ainsi que pour le fer et la fonte. Ces coefficients égalent le sixième des efforts qui amènent la rupture à la flexion; par conséquent ils représentent la moyenne des résistances à la traction et à la compression.

DÉSIGNATION.	COEFFICIENT DE TRAVAIL A LA FLEXION.		EFFORTS DE RUPTURE à la flexion par centimètre carré.
	En quintaux et par pouce carré anglais.	En kilogrammes et par centimètre carré.	
Sapin (Deal)............	14 quintaux.	110 kilog.	660 kilog.
Chêne anglais ou américain.	15	117	700
Pin rouge..............	13	101	600
Pin jaune..............	10	78	470
Teak...................	19	148	880
Greenheart ou ironwood..	23	179	1080
Chêne africain..........	22	171	1020
Frêne..................	18	140	840
Hêtre..................	13	101	600
Orme..........	7	55	330
Fer laminé.............	70	545	3270
Fonte de fer...........	46	358	2160

CHAPITRE VII.

CONCLUSIONS.

Cherchons quel est le type de portes d'écluse qu'il conviendrait d'adopter.

Tout d'abord, examinons quelle serait la *largeur entre bajoyers* la plus convenable, ou plutôt recherchons-en les limites, parce que l'ouverture des écluses ne peut pas être absolument uniforme. Mais nous pouvons dire que, dans les ports déjà munis de grandes entrées, il nous paraît inutile de dépasser dans l'avenir la largeur de 21 mètres ou 70 pieds anglais. Il faut observer, en effet, que le radier des écluses est presque toujours courbe en forme de voûte renversée, pour mieux résister aux sous-pressions. Or, l'exagération de la largeur permettrait aux grands bateaux à hélice (dont l'adoption paraît devenir générale aujourd'hui) de passer hors de l'axe de l'écluse, c'est-à-dire dans un point où la profondeur d'eau est moins grande. Mais, d'autre part, il est bon de ne pas descendre au-dessous de 17 à 18 mètres de largeur, afin de faire face aux éventualités de l'avenir. La dimension de *vingt mètres* nous paraît donc être une bonne moyenne.

Quant au meilleur type de portes, c'est évidemment celui qui met à profit le secours que les armatures verticales apportent à des *entretoises horizontales, égales et équidistantes*. Les avantages de ce système composé sont indiscutables quand il s'agit de portes en fer. Il n'en est pas tout à fait de même, à notre avis, dans le cas de portes en bois. En effet, il est plus difficile de se procurer une série de bois de mêmes dimensions que des pièces de dimensions diverses; d'un autre côté, la légèreté des portes en bois augmente avec le volume déplacé en mortes-eaux, et, lorsqu'il y a équidistance des entretoises, ce volume diminue évidemment; les portes en bois à entretoises équidistantes sont donc plus lourdes.

Si nous abordons maintenant la question de *forme*, droite ou cylindrique, des entretoises, nous remarquons que la courbure conduit à une quantité de matériaux moins grande, et qu'elle est plus économique pour des portes en bois, malgré la plus-value de prix des buscs en pierre. Mais, dans le cas des portes en fer, cette économie est purement théorique; elle n'existe pas en fait, d'abord à cause de l'obligation de donner aux tôles de bordage des épaisseurs plus fortes que n'en demanderaient des vantaux courbes ; et puis la forme curviligne, à l'amont comme à l'aval, augmente les difficultés d'exécution des vantaux en fer qui, il ne faut pas l'oublier, doivent être étanches dans leur caisse à air. Nous pensons donc que des entretoises droites à l'aval doivent être adoptées pour les portes métalliques.

Quand il s'agit de vantaux en bois, la forme cylindrique a l'inconvénient de ne pas permettre l'emploi des écharpes, pièces indispensables pour avoir des portes suspendues. Mais, lorsque des roulettes sont reconnues utiles, les vantaux courbes en greenheart, comme ceux de la Mersey, devraient être préférés à tous autres en bois, à cause de la durée exceptionnelle du greenheart à l'eau de mer, et de la possibilité d'employer des bois de toutes dimensions.

Nature des matériaux. — Nous avons vu, dans le chapitre V, que, tout considéré, les portes en fer sont incontestablement plus économiques que toutes les autres ; nous avons vu aussi, à l'occasion des portes de Boulogne, qu'elles présentent les avantages suivants :

1° Légèreté obtenue à volonté par la dimension de la chambre à air ;

2° Rigidité plus grande ;

3° Manœuvre plus facile et possible à toutes les hauteurs d'eau, lorsque les portes sont sur roulettes ;

4° Faculté de les rendre lourdes en cas de ressac ;

5° Charges constantes sur le pivot et la roulette, à moins de circonstances exceptionnelles ;

6° Possibilité de les faire suspendues, sans écharpes, puisque les bordages en tiennent lieu ;

7° Facilité de visite et d'entretien ;

8° Durée plus grande.

Cette énumération est concluante en faveur des portes métalliques comparées aux portes en bois.

Quant à celles que nous avons appelées mixtes, il a été démontré qu'elles devaient être abandonnées.

Cependant les portes en bois ont encore de nombreux partisans. Elles sont plus faciles à construire et à remplacer. On peut objecter, en effet, que les vantaux en fer doivent être montés debout, ce qui constitue une difficulté en cas de remplacement et une dépense plus grande, puisqu'on peut faire à plat le montage des vantaux en bois. A cela nous répondrons : 1° que le montage debout a été adopté pour les deuxièmes portes en bois de Saint-Nazaire, et que l'abatage en chantier y a parfaitement réussi ; 2° que, si la dépense de montage est plus grande, l'économie provenant de la durée apporte une bien large compensation.

En résumé, les portes d'écluse en fer doivent être préférées dans les ports maritimes, à moins que les dimensions ne soient très-faibles, auquel cas des vantaux en fer ne seraient pas assez épais pour être facilement accessibles dans toutes leurs parties.

Nous pensons que l'épaisseur de la coque en fer, vers les poteaux, doit être prise au moins égale à 0,60, pour être augmentée vers le milieu, d'après les indications des calculs de résistance. Il y aura toujours avantage pratique à exagérer, pour ainsi dire, l'épaisseur du vantail, sauf à réduire à 8 ou 9 millimètres celle des âmes horizontales intérieures, ou à les faire en treillis, à l'exception, naturellement, de celle qui ferme la chambre à air, dont l'accès sera permis en tout temps, au moyen d'une ou de deux cheminées traversant le vantail, seulement dans sa partie supérieure envahie par le flot à la marée montante ; on évitera ainsi les cheminées dans la chambre à air, et on obviera à l'inconvénient qu'elles présentent de rétrécir les chemins de communication.

Au-dessus de la chambre, les bordages en tôle, n'étant plus indispensables, pourraient, à la rigueur, être supprimés, soit à l'aval seulement, soit même sur les deux faces, pour être remplacés par des madriers en bois, jointifs et calfatés à l'amont, tandis que, à l'opposé, ils seraient à claire-voie. De cette façon, les détériorations que le choc des navires pourrait occasionner n'auraient aucune conséquence grave, puisque la réparation en serait facile et économique.

Cette disposition procurerait une économie notable et ne supprimerait aucun des avantages signalés, si on avait la précaution de rapporter, dans la partie supérieure de l'ossature en fer, des pièces obliques formant contreventements et écharpes, pour le cas où les portes seraient suspendues.

Il sera bon d'exclure l'emploi de cornières plus faibles que 80 × 80, dans toutes les parties importantes, afin de pouvoir poser des rivets de 20 millimètres. Enfin, le bois de greenheart devra être employé à la confection des fourrures des poteaux et du busc.

Nous ne regretterons pas d'avoir abordé cette étude, encore incomplète, si elle peut être de quelque utilité en France pour la construction des portes d'écluse à la mer.

Paris, juin 1872.

TABLE DES MATIÈRES

Paris. — Imprimerie VIÉVILLE et CAPIOMONT, rue des Poitevins.

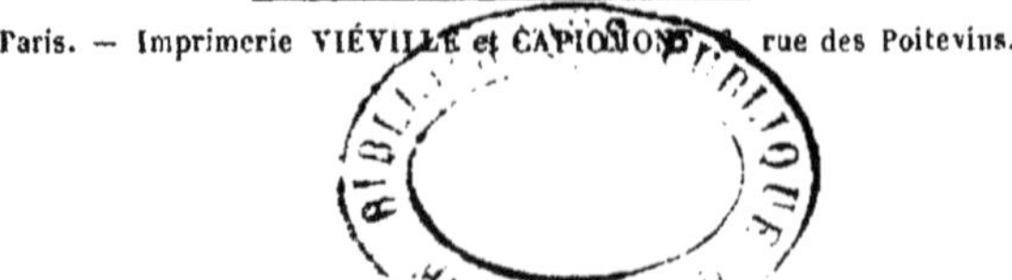

www.ingramcontent.com/pod-product-compliance
Ingram Content Group UK Ltd.
Pitfield, Milton Keynes, MK11 3LW, UK
UKHW022120190726
13855UKWH00003B/972

9 782013 442701